麦肯锡12堂工作思维课

[美] 乔安娜·巴斯（Joanna Barsh）——著
袁鑫——译

Grow Wherever You Work

中信出版集团 | 北京

图书在版编目（CIP）数据

麦肯锡12堂工作思维课 /（美）乔安娜 · 巴斯著；
袁鑫译. -- 北京：中信出版社，2019.10
书名原文：Grow Wherever You Work
ISBN 978-7-5217-0030-5

Ⅰ. ①麦… Ⅱ. ①乔… ②袁… Ⅲ. ①成功心理－通俗读物 Ⅳ. ①B848.4-49

中国版本图书馆CIP数据核字（2019）第024300号

麦肯锡12堂工作思维课

著　　者：[美] 乔安娜 · 巴斯
译　　者：袁鑫
出版发行：中信出版集团股份有限公司
（北京市朝阳区惠新东街甲4号富盛大厦2座　邮编　100029）
承 印 者：中国电影出版社印刷厂

开　　本：880mm × 1230mm　1/32　　印　　张：9.5　　字　　数：220千字
版　　次：2019年10月第1版　　印　　次：2019年10月第1次印刷
京权图字：01-2019-1208　　广告经营许可证：京朝工商广字第8087号
书　　号：ISBN 978-7-5217-0030-5
定　　价：58.00元

没有众多被采访者的无私分享，就没有本书中的精彩故事。

没有我的两个女儿，我就没有完成这本书的动力。

我的弟弟对本书的完成也给予了莫大的帮助。

我的伴侣兼终身导师大卫给了我写作的信心。

我们每个人都休戚与共。

谨将这本书献给所有人。

目录

前　言　在哪里工作都能成长 / V

/ 第一章 /　激情是你的职场原动力 / 001

在不断尝试中历练 / 004
找到自己的工作目标 / 007
在工作中活出生命的意义 / 010
任何工作都值得你全身心去爱 / 013
路是一步步走出来的 / 016
找寻工作激情的行动指南 / 018

/ 第二章 /　面对压力，调整自己 / 025

勇于展现自己的才华 / 027
别质疑，去行动 / 030
张弛有度才能事半功倍 / 032
划清工作与生活的分界线 / 035
终有一天会拨云见日 / 038
压力管理行动指南 / 040

/ 第三章 /　不慎失误，也可以重整旗鼓 / 047

你必须竭尽全力兑现承诺 / 049
要在失误中快速成长 / 052
迅速弥补工作失误 / 055
从工作失误中总结经验教训 / 057

用真诚态度重建互信关系 / 059
让下一次成功冲淡错误 / 062
应对工作失误的行动指南 / 065

/ 第四章 / 变被动接受评价为主动提升自我 / 073

用真诚与尊重赢得好评 / 076
以是否有助于进步为唯一衡量标准 / 079
团队支持与上级认可同等重要 / 081
自我鼓励，抓住成长的机会 / 083
用你的评价引导他人成长 / 086
正确看待评价的行动指南 / 089

/ 第五章 / 构建最佳团队协作关系 / 095

协同共赢好过单打独斗 / 097
赢得关键人物的支持 / 100
用同理心与正能量凝聚人心 / 103
沉默的价值在于倾听 / 105
吸引志同道合的伙伴加入 / 108
团队协作行动指南 / 111

/ 第六章 / 在职场中做个理性乐观派 / 119

别让负面情绪阻碍问题解决 / 121
忍让和退缩不是你的唯一选择 / 124
用理智和宽容应对职场偏见 / 127
在与自我怀疑的斗争中取胜 / 130
关注他人的优势而非缺陷 / 133
处理人际关系的行动指南 / 135

/ 第七章 /　**跟对人，做对事** / 143

在远大梦想的指引下成长 / 146
成为一名大师级学徒 / 148
拼命工作，自会有人相助 / 151
成长要靠实力 / 153
如何处理两难困境 / 156
从追随者成长为引领者 / 158
寻找职场引路人的行动指南 / 160

/ 第八章 /　**向前一步，拿出勇气做事** / 167

凭借后天努力克服先天障碍 / 170
让别人看到你，然后重视你 / 173
鼓起勇气，为自己发声 / 176
把握机会，登上更大的舞台 / 178
独立思考，勇于表态 / 181
勇敢向前一步的行动指南 / 184

/ 第九章 /　**安于稳定才是最大的风险** / 191

开拓你的人脉 / 193
你可以不去选择平庸 / 196
人生不止一种颜色 / 199
是选择 100% 的失败，还是 1% 的成功？ / 201
冒险者就是要屡败屡战 / 203
风险应对行动指南 / 206

/ 第十章 / 准备好，随时迎接新挑战 / 213

那些没能打败你的挑战必将使你因此成长 / 215
承担责任的勇气来自使命感 / 218
被动等待不如自我拯救 / 220
将超越自己当作终身事业 / 223
感到害怕时仍然放手去做 / 226
迎接职业挑战的行动指南 / 228

/ 第十一章 / 反脆弱 / 235

在准备才能有选择 / 238
关注解决方案而非陷于问题本身 / 240
严格遵守你的行动原则 / 243
创业精神就在于重新开始的那一刻 / 246
无法使你成长的工作没有意义 / 248
获得坚毅力量的行动指南 / 251

/ 第十二章 / 工作的终极价值在于在挑战中成长 / 259

从公司内部寻找发展机会 / 261
厚积才能薄发 / 264
成长空间需要主动开拓 / 267
真正理想的工作会令你身心愉悦 / 269
将间歇停滞期变为自我提升期 / 272
提升自我掌控力的行动指南 / 275

后　记 / 283
致　谢 / 285

前言

在哪里工作都能成长

不知从什么时候开始，锅炉房的下水道口开始不断涌出脏水。晚上11点左右，盖比和尼克在结束了一天的辛苦工作后回到了家。他们小心翼翼地走下楼梯，来到地下室二层。地上到处都是水。盖比回忆道："我先是闻到了味道，之后我发现存放重要家庭文件的箱子泡在水里。我没有多想，脱了鞋涉水进屋。但箱子太沉，我根本搬不动。"

她喊尼克来帮忙。尼克拒绝了，冷冰冰地建议她什么也别碰，给房屋管理员打电话。两人开始争吵起来，很快，争吵升级为用恶毒的言语侮辱对方。盖比哭着给自己的母亲打了电话。尼克来到了不漏水的楼上给他的母亲打电话。两人的母亲也帮不上什么忙。

由于感到害怕，盖比给房屋管理员打了电话。管理员的答复没有缓解她的焦虑，他说不会来帮忙，而且向她确认了这个坏消息：地下室的水肯定是下水道的污水。之后，管理员勉为其难地答应帮她一个忙，给她安排了一个水暖工，水暖工会在第二天来。现在，盖比不得不考虑明天在家办公的事，前提是上司允许她临时请假。这天她一夜无眠。

第二天早上，一名叫哈里斯的上了年纪的水暖工来到了家中。他话并不多，一来就说："我干这行30年了。我修理完之后，这个地方将焕然一新。"他轻松地搬开了箱子，边吹口哨边干活。房间确实一下子变得焕然一新。

日常工作中的类似挑战往往令人感到挫败。“易变、不确定、复杂和模糊”（VUCA）原本是一组用来描述极端军事情景的术语，而现在已被商界作为常用表述所采纳。如今，可能毫无预警你就丢掉了你的饭碗，你的上司可能会突然消失；住在地球另一端的你的同事可能想在当地时间上午九点（也就是你的半夜）和你通话。人们对他人的期望值比过去更高，你的同事工作得也比过去更加努力。你面临的工作挑战已今非昔比。

挑战会带来更多的焦虑和压力。小心应对！因为它们会耗尽你的精力。让我再强调一次，如果不妥善应对，它们会造成长期损害。

你的工作充斥着让你感到无力应对的艰难挑战。你可能需要进行困难的谈判，学习新的技能，以及运用你尚未掌握的新工具来完成任务。更糟的是，挑战伴随着恐惧，二者都会磨损你的意志，使你感到无助。

但，我们也可以换个角度看问题。

如果经过挑战的磨炼，你能变得更有能力，更有效率，更加愉快地投入工作呢？如果挑战能使你变得更加强大呢？你会直面挑战，你会欢迎它们的到来。运用正确的思维方式、方法和工具，你会发现挑战是让人着迷和令人兴奋的。它们能让你全身心投入其中，并激发你的创造性思维。

让我们重新定义挑战：挑战不是危险的警示灯，而是能帮助你更快、更好地成长的绝佳机遇。

本书中涉及的种种挑战来自我 2015 年以来开展的研究调查。我希望本书能够为处在事业中期的职场人士提供参考。作为我的“核心领导力培训项目”的一部分，该项目是我在麦肯锡公司担任高级合伙人时创立的。为了完成本书，我采访了 200 多位在《财富》1000 强公司中表现优秀、充满潜力的领导者新星。除了大型企业之外，我还采访了初创公司的创始人、非营利性机构的领导人、政府官员、艺术家、演员、学者、记者、教师及其他的独立思考者。被采访者在 120 家不同的公司或机构工作，涵盖了各行各业，他们的成长史和他们的职业经历一样多姿多彩，其中大约 40% 的人是非白种人，本人或父母的出生地不在美国。这些优秀的被采访者公开并慷慨地和我分享了他们的人生和工作挑战，一起贡献了本书中一个个鲜活的工作和生活故事。

你不必喜欢书中的每一个人或变得和他们一样，你甚至可能会讨厌其中的一些人！我讲他们的故事并不是要得到你的同情或怜悯，而是要与你分享一些可能会对你有所帮助的观点。另外，由于书中的很多人要求匿名，为了尊重他们的要求，我对一些被采访者的姓名和采访场景做了模糊处理。但我可以保证，每个故事都是真实和未加修饰的。

书中的故事共同揭示了一个深刻的道理：挑战本身无法帮助你成长，成长的关键在于你应对挑战的方式。书中的故事强调了以下 5 个主题：

- **预做准备**。如果你已经掌握了应对挑战的技能和专业知识，挑战就会变得更加可控。你不会总是受到好运的青睐，但准备好迎接挑战是取得成功的关键因素。
- **学会提问**。思考是重要的，但这里所说的并不是你熟知的那种思考。本书中的故事主人公们强调了反思、自省和敢于梦想的重要性。多提问题——无论大小，让其成为融入你的日常生活的一个习惯。
- **与人交谈好处多多**。和你的上司、导师、合伙人、同事、工友或朋友进行谈话和交流，是帮助你应对挑战的有效方式。互动能激发新的能量，而这很可能恰恰是你需要的。
- **有意改变，勇敢迈出第一步**。你的思维模式和固有信念潜藏在你的行为之下，而它们可能会限制你的成长。你可以选择保持现状，也可以选择进行改变。记住，改变不会自然发生，有意地改变自己的思维模式将帮助你更快地获得提高，尽管结果不一定都会如你所愿。

- **稳步行动使你进退自如**。稳步行动能让你通过试错检验自己的做法，强化新习得的思维方式和行为模式，同时有效降低风险。充分利用好这一点将使你事半功倍。

在正文的十二章中，每一章都会谈到一种你在工作中可能遇到的挑战。每一章的结构是这样展开的：首先，简要介绍一下具体挑战为何；其次，与大家分享一些真实的故事（每个故事结束后，我都会在“启示”这一节中进行总结）；最后，提出一些建议和可供实践的做法及行动。在整个阅读过程中，你都是参与其中的。你可以有自己的看法，自己决定该做什么。正如一位本书的被采访者所言：“我阅历丰富，不会被书中的观点牵着鼻子走，我会自己做出判断。”他说得没错。

你可以根据自己的需要阅读、使用此书。在你的职业生涯中，本书中提到的艰难挑战你都不免要经历，而且很可能不止一次地经历。从头阅读，或者从你当下面临的最紧迫的挑战开始阅读，都没问题。

你可以将我视作你的“书中导师”。我在帮助多家公司应对战略、经营和组织上的挑战方面拥有 30 多年的经验。我深谙如何建构问题、分析数据、得出结论以及提出建议。我懂得怎样与他人面对面交谈并真诚地倾听他人的倾诉。我的个人体会贯穿于本书中的每个故事、启示及建议。如果你有自己的应对挑战的方式，我尊重你的选择，这再好不过了。本书正适合于随时准备应对最艰巨的工作挑战的好奇读者。我希望你就是这样的读者。我希望你能去感受工作，迅速成长，最重要的是拥有获得成功、成就伟业的渴望。我希望你读这本书是为了有所收获。

如果你刚工作不久，善于学习，乐于应对挑战，习惯于在工作中处处留心的话，那么工作对你而言将更像是一场冒险而非你需要背负的重担。看看书中的实践方法、处理方式和提出的建议是否可行，从那些克服了你尚未经历的挑战的人的故事中学习，书中专业人士的经验之谈对你而言是一笔宝贵的财富。

如果你正处于职业生涯的中段或已经工作了不短的时间，那么现在就是你采取如下 5 个步骤的最佳时机：预做准备，提出问题，与人交谈，有意改变，稳步行动。你的工作经验、专业技能以及你所掌握的其他实用方法是你的优势所在，但也要试着用全新的视角去看待问题。如果你一直提出同样的问题，做出同样的判断，那么你得到的结果也将与从前一样，而这显然不是你想要的。

当今社会严重缺乏各个层次的领导人才，职场中人只有尽自己所能才有可能改变这一局面。设定自己的目标，然后放手去做吧。

我承诺，华丽的说辞到此为止。接下来你看到的，都将是逆耳忠言和“冰冷的事实”！

/ 第一章 /
激情是你的职场原动力

你的父母、老师或你最好的朋友一定曾建议你走上正确的人生道路并持之以恒。因此，为了考上最好的大学，你高中时努力学习。上大学后，你不断提高成绩以找到最好的工作。进入职场后，你努力工作以获得晋升。当你到达一座人生的里程碑时，你又会为自己设立新的目标。的确，这是一条不错的人生之路，但并不适合所有人。

阿历克斯为自己规划的职业生涯是这样的：出于学术方面的好奇心，阿历克斯在大学主修了宗教学，并且曾前往特立尼达岛求教于一名虔诚的僧侣。但受到所学专业的限制，阿历克斯在毕业后找不到工作，她只好选择当一名家庭教师。幸运的是，在这期间，阿历克斯给一个孩子的父母留下了深刻的印象，那个孩子的父亲决定给她一个工作机会。他在他的公司帮阿历克斯找了一份代理销售的工作。

好消息？并非如此。几个月后，阿历克斯就开始对工作感到恐惧。一年后，问题愈发严重，但她仍未采取行动：

我的男朋友和父母当时都说我有些不对劲，但我害怕面对问题。如果我承认问题存在，我就必须想办法解决它。代理销售的工作内容都是有关金钱交易的，而我讨厌这种工作带来的不安全感。这种感觉每天都挥之不去。我不知道自己是否还有钱填饱肚子并支付房租。我害怕失败。两年内，如果我无法完成业绩的话，我就不得不离职。

打促销电话时，我根本不知道电话那边说话的人是谁。我看不见他的面孔，我经常在惊慌中挂断了电话，整个人呆若木鸡。我每天按时上班并且工作繁忙，但我不想打促销电话。这份工作简直是一场灾难性的失败。

阿历克斯那年瘦了 60 磅[①]，每天上班前都会呕吐，而周一是最难熬的。但她始终未曾放弃。她害怕让她的上司失望，因为是她的上司伸出援手让她得到这份工作的。直到人力资源部门的经理向她质询时，阿历克斯才意识到她想做的工作确实存在——在另一个部门。阿历克斯花了数周的时间才鼓起勇气递交转岗到另一部门的申请：

当我告诉上司我要离开这个部门时，他对我大喊大叫。我奔向洗手间大哭了一场。的确是他引我入门并培养了我，我有愧于他。但那真是我生命中最漫长的一年。提交申请后我整整睡了一周！之后我义无反顾地开始了在新部门的工作，干什么都比打促销电话要好。现在，我感到自己在工作中受到重视，并成功融入了工作团队，我不再感到自己可有可无了。我说的都是真心话。

我对工作的恐惧感也逐渐消失了。调岗后的一个月，我在工作时不再感到害怕，三个月后，我熟悉了新的工作环境，半年后，我已真正融入其中了。我的生活重新焕发了生机。

现在，阿历克斯正在同一行业的另一家公司工作。她又有了新的关注点，准备攻读工商管理硕士，并将进一步探索如何保持自己的工作兴趣。

努力工作能带给我们经济回报，帮助我们培育专业技能和积累工作经验。但如果内在动力消失，意识到自己失去了工作激情，我们就会从日复一日的工作中猛然觉醒。我们会发现，在各种错误认识的指引下，我们已经一路走了很远。继续走下去很容易，而脱离现有的轨道会让人

① 1 磅≈0.45 千克。——编者注

感到危险重重，就像在没有灯光的帮助下走夜路一样。

但没有人愿意漫无目的地走下去。现在，我们已经觉醒并开始质疑。

“激情”一词已得到太多的赞誉与关注。如果没有它，我们就会觉得少了些什么。我们会在每天早上醒来时对着镜子思考，为什么我讨厌自己的工作；我们会不断自责，感到焦虑，害怕上司知道自己力不从心；我们会编造各种借口，加班加点工作，累得筋疲力尽，逃避工作之外的一切。

这些迹象显示你已丧失了工作激情：感觉不到动力，缺乏正面情绪，并不真正关心你所做的工作。简单地说，你对自己的工作不再感兴趣了。这是一种工作上的红色警报，而并不意味着你有什么人格缺陷。除非你发现自己的真正目标，否则你难以重拾工作的激情。目标是你的驱动力，它能为你提供最深层的成就感，给你的工作带来意义。①

找到“真正的目标”听起来或许过于理想化，但追求它的过程已足够激发你的工作动力和兴趣。本章接下来要讲的故事可以为你指引一个正确的方向：

- **为了找到目标，你应该对自己提出哪些问题？**这一过程并不总是令人愉快或充满乐趣的，但纳撒尼尔愿意冒险去找寻自己真正想做的事。
- **如果你选择了一条错误的道路，你要如何补救？**当意识到所从事的工作不适合自己时，苏菲通过寻求指导获得了所需的帮助。
- **如何知晓自己找到了目标？**有时，对目标的追求需要彻底的开诚布

① 我并不是在做自我营销，不过如果你渴望学到更多关于目标及如何找到目标的知识，可以参考我早期的作品，《核心领导力》（*Centered Leadership*）。这本书能够指导你进行具体的练习，教你如何进行自我探索。

公。这是维克多所面临的挑战。

- **如果你的激情更多地是关于你自己而非工作的，该如何处理？**不顾一切地想要有所成就，克里斯蒂拥有一种与工作选择无关的盲目激情。
- **当自我怀疑阻碍你前进时，你该如何将想法付诸行动？**卡维塔总认为自己是一个发明家，但她过于怀疑自己以至于无法实现自己的抱负。

我不了解你们，但我已厌倦肤浅地谈论激情。坦率而言，激情并非工作所必需。你可以没有使命感，只要你能不断地学习新鲜事物并在挑战中成长，工作对你而言就是充满意义的。

不过，如果你跃跃欲试，想要重新找寻目标的话，那就放手去做吧。在找寻的过程中，你将获得正能量。放慢脚步去感受这一过程，也可适当关注非营利性组织、创业公司及工作之外的兴趣。记住，不存在固定模式或任何诀窍，真正的目标往往存在于你的预期之外。相信机缘，然后不断尝试新鲜事物，直到你获得新的动力。

好消息是：在你找寻目标的道路上，激情会与你不期而遇。

在不断尝试中历练

> 如果你对目前的工作感到不甚满意，那么真正的危险不在于你离职之后会发生什么，而在于你忍耐着继续工作五年会发生什么。

12 岁时，父亲就死于心脏病，因此纳撒尼尔成长得很快。那时，他还不知道自己会追随父亲的职业脚步——做一名为年轻人提供服务的职业规划师：

大学时我上了一堂关于可持续发展的课，当时美国前副总统戈尔的《濒临失衡的地球》一书尚未出版。我开始对此着迷。我的大学学业就是通过参加各个不同科系的与可持续发展相关的课程来完成的。我将我的专业称作“全球人类影响研究”。

大学毕业后，我在一家仅有一名员工的关注可持续发展问题的咨询公司找了份工作。结果证明，这是个错误，因为六个月后公司就倒闭了。我失去了动力，一切都要从零开始。

白手起家要比纳撒尼尔想象的艰难。两年里，他曲折的职业发展经历包括在建筑工地打零工，获得瑞典一个可持续发展研究项目的硕士学位，参与“不理智研究所”（Unreasonable Institute）的创业者培训项目：

那段时间我像机器一样工作，乐于面对不确定性。白天什么都干，到了晚上就写经费申请。我还记得在保险公司的一次面试。当我告诉面试官我对可持续发展感兴趣时，他说：“那你来我办公室做什么？”我只好回答说：“我不知道。”随即起身离开。真是糟糕的经历！

我的人生低谷是被我称作“荒原”的那段时期。在那段时间里，每天晚上我都抱着笔记本电脑独自一人待在屋里，不知道能否付得起房租，思考自己究竟在做什么。我感到孤立无援，执着地想要找到一条出路。我简直要疯了。我想，我该怎样挣钱呢？我已经失去了自信，我破产了。我知道在迫不得已的情况下，我还可以跟母亲要些钱。但这一想法让我感到恐慌，而且这也解决不了问题。

我开始回忆父亲的遭遇。我已经经历了最糟糕的，我已脱离了预定轨道，除了勇往直前我没有其他的出路了。数月的艰苦生活磨砺了我，给了我日后大展宏图的勇气。我最大的优势就是具有出色的应对困难的能力和善于苦中作乐。

那两年的经历让纳撒尼尔学会了如何成为一名企业家。他还发现自己很享受这一切：

我打算成立一家公司帮助人们找到有意义的工作。我邀请了两位朋友加入作为共同创始人。我们参加了初创企业孵化项目，项目导师帮我们设计了经营理念。我们最初的定位是创立一家以具体任务为导向的招聘公司，同时我们也尝试着打造一家以具体任务为牵引的软件公司。

初创公司都会经历发展的起伏。这充满压力，你要不停地与人竞争，埃隆·马斯克将这种感觉形容为咀嚼玻璃或凝视深渊，虽然听起来有点儿怪，但恰如其分。

四年后，作为公司最初的三位创始人，我响应号召投身于一场重大的政治选举，一位创始人从原公司独立，集中精力发展软件方面的业务，另一位创始人成为母公司的唯一首席执行官。展望未来，我希望让工作不再成为负担。

政治选举结束后，纳撒尼尔加入了一家规模更大的初创公司，开始实践自己激发人类潜能的工作目标。

启示

摆脱传统的轨道有助于你实现自己的目标，但正如纳撒尼尔所说，你可能将开始一场孤独的冒险。在职业生涯的早期，这种冒险并无太大风险，但如果你正处于职业发展中期呢？再进行新的尝试是否太晚？记住，当下就是最合适的时机。稳步行动能持续激发你的好奇心并降低风险。

好奇心引发疑问，深刻的问题又会催生反思，反思则能使你更接近自己的目标。纳撒尼尔在工作中会问自己下列问题：“你真正想要去做或更渴望的是什么？你甘愿冒着风险去得到它吗？是什么阻止了你——找不到自己想要的，还是难以鼓起勇气采取行动？”这些问题确实难以回答！

试着考虑另一种可能性。如果你对工作感到不甚满意，那么危险不在于你离职之后会发生什么，而在于你忍耐着继续工作五年会发生什么。如果你的工作前景比较乐观，那还算不错。如果并不乐观，那你就应该开始考虑其他出路，从容地面对恐惧。正如纳撒尼尔所说："如果你去荒原旅行的话，你就必须要享受风险的存在。一定程度的风险是可以承受的。"既然你会为了野营旅行中的突发情况做好应对的准备，那么在工作中你也应该这样做。

通过尝试新鲜事物让自己成长。放手去做——并不是因为你是不计代价想要出人头地、野心勃勃的愣头青，而是因为你渴望学习和奉献。即便你决定继续从事目前的工作，你也能从中发现激发兴趣的新挑战。

将工作重新定义为一场冒险，而冒险中一切皆有可能。你在今天的冒险中遇到危机了吗？你是否从中学到了什么？如果你的回答都是否定的话，那么你一定错失了某些机遇。

并非所有人都喜欢大冒险，但冒险会让你更接近目标，也会使你的人生更值得回味。

找到自己的工作目标

> 我们竭尽所能去获得外界的认可，这么做无可厚非，前提是它能帮你认清自己真正的兴趣所在。

在孩提时代，苏菲就已下定决心在足球领域一展身手。她热爱这项运动。她的长姐患有脑瘫，这使陪伴长姐左右的苏菲从小就富有同情怜悯之心，并且做事果断。但到了大学，苏菲想要获得成功的坚定决心开始动摇：

大学时，踢足球像是一份全职工作，而我不喜欢这样。当我想要退出时，是教练的拼命挽留让我留了下来。

大学的最后一年我都是在足球场上度过的。有些队员表现不佳，而教练却将错误归咎于我，不安排我上场比赛。作为球队队长，我为自己只能坐在替补席上感到愤怒而无助。这次失意使我陷入了负面情绪的泥沼，我总是觉得自己没错，应该上场，但又无法说服教练。

当时我本可以更好地处理此事，但我并未付出努力，我没有尝试改变自己的行为。我已不再像从前那样热爱足球，因而无法为之做出妥协。

毕业后，苏菲仍然没有找回信心。她任职于一家金融服务公司，仍然寄希望于通过日复一日地坚持工作来获得成功，但从始至终她对这份工作都没有任何兴趣：

大学时，我没有找到能引导、激励我的良师伯乐，毕业后我又找了一份自己不喜欢的工作。

我的父母在职业道路选择上非黑即白、泾渭分明。我的父亲一直就职于法学院，母亲则只对金融和挣钱感兴趣。我试图让自己接受父母的工作模式，却因此痛苦不堪。我所做的跟在大学时踢足球一样毫无意义。我没有目标，苦干了一年，而情况并未见任何好转。

后来，母亲发现我在她热爱的领域苦苦挣扎。意识到自己无法给我提供更多的建议，她为我联系了一名她的朋友，这位女性长辈建议我从事新闻报道行业。

在金融公司时，我唯一喜欢做的事情就是写写研究文章。我一直热爱写作，进入新闻报道行业也一直是我在考虑的职业选项。

后来苏菲开始了一段六个月的旅行。那名女性长辈帮她联系了三名新闻行业从业者。苏菲询问了他们的工作内容、工作乐趣所在及每天的具体工作任务。他们的回答让苏菲开始将兴趣聚焦于广播新闻报道：

当我发现自己一定会乐于从事这一工作时，我联系了一位熟人，他在广播电台认识一位朋友。他的这位朋友给我介绍了多名从业者。之后数月内，我每周都会进行一次面试。我从这些面试经历中受益匪浅，每一次面试都为下一次面试打下了基础。

发现了自己想要实习的单位后，我又进行了更多的面试。由于我之前毫无相关经验，我很难让面试官相信我能胜任这份工作。而且我一直并不真正相信自己能够做到，甚至曾一度陷入绝望。但我十分渴望获得这份工作，而且我认为自己别无选择。我冒了此前绝不会冒的风险。

最终，这家公司给苏菲提供了一个临时实习的岗位，她只能拿到较低的时薪，并且没有奖金，没有任何转正之类的承诺。尽管如此，苏菲仍欣然接受了这份工作。入行几年之后，她发现自己的决定是正确的：

职业生涯中的第一个头条新闻着实令我兴奋不已！这也证明了我非常适合这份工作。那是一个周五，我刚离开华盛顿特区准备赶往纽约。我是从一名朋友的熟人的朋友那里得到的消息，我立即开始打电话进行确认。一名助手打回的电话证实了我的判断。我当时是第一个核实该消息的人，这感觉真棒。

从事这项工作以来，我重新认识了我自己，我比自己想象的更加聪明，我可以胜任任何我想做的工作。我能够百分之百地掌控自己的命运，对于任何问题，我都会刨根问底，直到得到我想要的答案！

数日后，苏菲就被委派负责一项关键性的任务。天道酬勤，苏菲终于步入了事业的丰收期。

启示

一些错误的选择导致苏菲不得不改变职业道路，当她最终投身新闻报道行业时，她的工作热情骤然高涨。独家报道头条新闻的经历又使她的自信成倍增加。通过寻求指导，苏菲发现了自己的兴趣所在，这始于又不止于那位女性长辈的帮助。有趣之处在于，她对新闻报道的兴趣并非突如其来，只是此前并未对此给予足够的关注。

苏菲一进入职场就坚持不懈，但起初她的目标并不明确。探索自己真正想做什么、不想做什么的过程帮她发现了自己的潜在兴趣。这一兴趣随着苏菲的有意培养而日益强烈，作为回报，它给予了苏菲选择不确定性而非因循守旧的勇气。但首先，苏菲必须摆脱他人的期望施加给自己的限制。进入职场之初，我们通常都会循规蹈矩，走上被规划好的路，竭尽所能去获得外界的认可。这么做无可厚非，前提是它能帮助你认清自己真正的兴趣所在。

找到目标并不容易，且有得必有失。为了得到更想要的，苏菲不得不放弃一些东西。这样做并非万无一失，但有一点是可以肯定的：开始寻找自己的目标，你的生命旅程会更加激动人心。

在工作中活出生命的意义

> 你的身边充斥着大量自相矛盾的信息和噪声。放手去做，思考自己在七十岁时回首过去，是否会为自己今天的决定而欣慰。

维克多对“使命的召唤”并不陌生。对于这种召唤，你总是可以选择倾听或拒绝，而他选择了倾听。这种情况最初发生在维克多高中那段自暴自弃的时期：

上高二、高三时，我曾逃学多日，伪造父母的字迹签请假条。与此同时，我的学习成绩仍然名列前茅。我在亚裔家庭长大。在家里，我从未听到过父母的表扬。如果我考试成绩得了A，他们会问："为什么不是A+？"我真希望自己能有为自己骄傲的勇气。

到了高年级，痛苦如约而至。我的学术能力评估测试（SAT）成绩优秀，但没有大学愿意录取我。我意志消沉，但不敢告诉父母。我毁了自己最值钱的财产——汽车。我开始迅速沉沦。凌晨三点，我游荡于住所前面的街道，放声大哭。我感到特别孤独，认为自己一文不值。就在那时，我感到上帝像一张毛毯一样温暖了我。我意识到我挥霍了自己的天赋。

从那以后，我开始努力做事，将精力投入到更有意义的事情上。

大学毕业后，维克多和他的室友实现了他们的目标：受聘于一家顶尖的咨询公司。两年的成功积累之后，维克多又通过了一家私募基金公司的面试，这本应是他所选择的正确道路上的下一阶段目标。但在去机场准备前往新公司任职的路上，维克多突然改变了主意：

突然间，我听到了自己内心的声音。它告诉我："你是个懦夫。你知道自己应该做什么，但你仍在为了美化你的工作简历而工作。"

我收到了很多工作邀请，但都一一回绝了。之后我和室友一起开了一家公司，致力于振兴地区商业和社区经济。我想改变当地的商业文化，我希望让顾客走进街边的一家美发沙龙后能找到归属感。

在寻求首轮融资的过程中，维克多一开始先是遵循传统的思维方式，试图募集尽可能多的资金。在一次与一位企业家的谈话中，这位企业家告诉维克多，错误的投资人将会给公司的发展带来很多问题。维克多得到了一个重要的忠告：

在每次投资人会议上，我都会对公司的使命侃侃而谈，力图在单纯的金钱交易之外，建立与投资人之间的良好个人关系。但有些投资人只会站在经济利益的角度考虑问题，还有些投资人人品显然并不高尚。如果接受这些投资人的资金无助于实现公司成立时的最初目标，我们就不会考虑他们的投资。我知道最令人担忧的并非签署风险投资协议。

对于这家初创公司，我可以说是投入了毕生心血。我们曾一度陷入困境，现金流只能维持一个月，同时还要支付 40 名员工的工资。最后，我们用私人存款支付了员工的工资。这是迄今为止我所做的最正确的决策之一。就在资金链即将断裂之际，两名实力雄厚的投资人从天而降。

我的人生目标是正确看待生活，谨记工作的意义。当我忘记这个目标时，我往往会做出糟糕的决定。

工作几乎耗尽了我的全部精力，但我也会让自己停下来。如果你太忙于执行任务，就不会有时间思考自己的人生目标。如果你每周工作 100 个小时却不知工作目标何在，那么你可能很快就会遭遇一场危机！

尽管维克多公司的大部分对手纷纷迅速扩大经营规模，并借助媒体扩大影响力，维克多仍然坚持他将每一个营销市场都经营成综合性社区的长远目标，这也是他的公司的优势所在。

启示

维克多品尝到了成功的喜悦，他的故事启发我们要勇于追求自己的目标。维克多一开始就能够做到彻底的开诚布公，后来取得更大的成绩并找到新的动力也是顺理成章之事。如果你也想做到这些，那不如先从扪心自问你的人生意义何在开始。找到真正的人生动力需要深刻的自我反省。①

---

① 如果你对人生意义这个主题感兴趣，维克多 · 弗兰克尔写的《活出生命的意义》（*Man's Search for Meaning*）一书再合适不过了。他描述了三种找到人生意义所在的途径：热爱，创造性地投入工作，从痛苦中学习。弗兰克尔亲身实践了这三种途径。

明确说出这个问题的答案也许是一件非常困难的事情，因为你的身边充斥着大量自相矛盾的信息和噪声。放手去做，思考自己七十岁时回首过去，是否会为自己今天的决定而欣慰。从长远处思考，你也许会做出不同的决定。

维克多通过宗教和哲学的方式领悟自身，而进行深入的反思还有很多其他的途径。有些人发现重复的锻炼能够激发深入的思考，还有人通过写日记的方式思索人生，或者你也可以试着向你信任的人敞开心扉，让他们帮助你，但无论如何，你都必须有一颗足够坚强、包容的心。找寻人生目标是一件严肃的事情。

如果你需要勇气的话，那么现在正是“回应召唤”的绝佳时刻。

任何工作都值得你全身心去爱

> 在你进行了选择之后，接下来无论从事任何工作你都会感到更加独立和自由。

克里斯蒂从当初离开黎巴嫩和亚美尼亚前往美国的父母那里继承了积极主动、足智多谋、坚毅果敢等优秀品质，她在工作中也充满激情。之所以选择她的故事是因为她的发现颇具启发性。她的激情并非来自她所从事的技术公司销售工作，而是源于每天的真切感悟：

我确信从长远看，我拥有获得成功所需的能力组合，包括保持开放，充满热情，在工作中做出最优决策，避免急躁，以精力充沛、充满爱心的方式处理事务。

技术问题总会让我退避三舍，我对此疲于应付，但入职六年以来，我都将其视作重中之重。我不会过多考虑奖赏方面的事，这些不过是摆在架子上或放进抽屉的装饰品而已。我也不追求在竞争中胜过他人，我的关注点与众不同。

简而言之，克里斯蒂的兴趣在于全身心投入。她聚焦于对她而言最重要的方面：学习，完善自己和做出贡献：

我不会让自己受困于琐碎事务，也不会刻意追逐成功的表象，更不会浪费时间在徒劳无功的批评和指责上。对我而言，生活的节奏可快可慢。如果你关注的事情会放慢你的节奏，那就顺其自然。

我们生活在一个非常嘈杂和繁忙的世界里。我在摸爬滚打中学会了关注世界给予我的每一个成就伟大的机遇。工作机遇稍纵即逝，我将其称作“上帝的眨眼”。如果你不关注当下，你就无法把握它们。

作为一个充满激情的人，克里斯蒂明白工作有时会消磨她的意志。就遭遇不公平对待而言，和很多人一样，克里斯蒂也有这样的经历：

过去六年里，我的薪资涨幅不大，也未得到升职，尽管几乎我的所有男性同事都得到了加薪升职。但我并未坦诚地面对这一事实，向我的上级主管提出同样的申请，部分是出于恐惧，部分是出于发现自己没有勇气开口。

最终，我决定在深思熟虑的基础上，勇敢、自信地向上级提出晋升申请。结果，在这么做了之后，我很快得到了一个新的工作职务并获得了晋升。

去年，喜得千金之后不久，克里斯蒂赢得了公司的年度最佳销售奖。她决定，是时候歇一歇，享受自己拥有的一切了。

启示

克里斯蒂的故事证明了无论从事何种工作，你都可以将激情带入工作之中。她通过努力投入其中，抓住机遇做到了这一点。这是一个简单而有说服力的案例。

当然，我们时不时地也会想要逃离一切：整日面对电脑屏幕，没完没了的旅途奔波，各种单调冗长的会议——这些当然会扼杀激情。高新技术也许可以暂时缓解这种情绪，但通常来讲更容易火上浇油。比如，在社交媒体上与他人攀比就不是个好主意，这种比较只会损害你的自信心，使你的生活失去意义。

但大多数时候，选择活在当下是件好事。心理学专家和精神导师教导我们："喝茶就安心喝茶，不要掺杂忧虑、打算、悔恨等杂物。"[①]不要因思考或担忧之后的事而错过此刻的欢愉、美丽和意义。

尽管你无法掌控工作中的一切，但你可以努力使自己保持最佳状态。一种方法是设立每日目标。问问自己："我今天工作是为了什么？我从今天的工作中得到了什么？"很多因素会导致你不在状态：危机、突发事件或日常琐事。当这种情况发生时，记得将注意力重新集中到自己的目标上，而不是让自己陷入自我反省或自责的沼泽。

关注于活好每一天也是一种选择。在你完成了这个选择之后，接下来无论从事任何工作你都会感到更加独立和自由。这会给你带来正能量和更多的成长机遇，帮助你水到渠成地实现目标。是的，这就是克里斯蒂充满激情的原因。

工作本身可以带给你激情，但并非绝对。而你的工作方式可以点燃激情，这与你所选择的行业、公司、职能或职务无关。

---

① 关于冥想的作品有很多，但如果你想找一本自己喜欢的书，试试我推荐的这本：一行禅师的《正念的奇迹：冥想实践入门指南》（*The Miracle of Mindfulness: An Introduction to the Practice of Meditation*）。

路是一步步走出来的

> 有时，你真正渴望得到的东西其实是你早已拥有的。

在一部电影的发布会午宴上，卡维塔坐在我旁边。这部电影讲述了一位致力于发明家居用品的充满激情的企业家的故事。卡维塔也是一名发明家和企业家：

小时候，我的发明都是一些类似于兔笼吸尘器之类的物件。我总喜欢修修补补。我最初的创业灵感来自中学的科学课程，以及和奶奶住在印度的那段经历。去印度前，父母提醒我不要直接喝自来水，但到印度的第一天，我就不小心喝了一些刷牙水。奶奶之后让我喝了一些香料茶作为补救，我并没有因此生病，反而变得十分好奇。

回美国后，我在装有池塘脏水的坛子里放上香料做实验。而商店里发霉的草莓启发了我做进一步的尝试。17 岁时，我就因使用香料抑制霉变而成功申请了专利。这一发明是为像我奶奶家这样没有冰箱的家庭而设计的。

大学期间，卡维塔想将自己的发明往公益应用的方向推广，但相关专家并不支持她的做法。因此她只能将这项发明应用于设计延长新鲜食物保质期的包装。卡维塔一度怀疑自己的做法是否正确，直到一名身兼医生与顾问的朋友鼓励她不要放弃：

在迈出第一步之前，我曾长期怀疑自己。因为这是我自己的发明，所以我对它非常珍视。我的朋友鼓励我参加商业方案招标，结果我们的方案中标了。但专家评委告诉我，我不能主导这项发明的市场推广方向。他们认为我缺乏推广的技术、经验和资金。

我们没能说服他们。他们觉得我的想法根本不值一试。我遭遇了信心危机。

卡维塔陷入事业低谷本来很可能成为这个故事的结局，但困境反而激发她放手一搏。事已至此，卡维塔决定采取主动。她和朋友带了一包样品来到农贸市场：

我们第一次去农贸市场就发现大家对这项产品有着旺盛的需求，消费者都很想把我们的产品带回家试试。几周后，我们摆了个货摊，不到三小时我们的产品就被一扫而空。顾客给我们的反馈是——他们现在可以用更便宜的价格吃到更新鲜的食物了。

自我怀疑是一场斗争。我不提倡公开分享自己的雄心壮志或宏伟蓝图。对我而言，我想要解决全球食物浪费问题，这是我的一个秘密梦想。我分享了这个梦想，因为我曾希望借助别人的力量来实现它，但最终我意识到，这就像一种投降，我只能依靠我自己。

卡维塔后来成立了自己的公司，并担任公司的首席执行官，开始在自己热爱的发明领域大展宏图。她还和帮助自己卖出第一批产品的那名医生喜结连理。

启示

卡维塔的发明可能获得成功，也可能遭遇失败，但我确信她会一直坚持发明下去。有时，你真正渴望得到的东西其实是你早已拥有的。当然，这并不是说你所有的想法都是好的，关键之处在于相信自己能够做好，并勇敢付诸行动。卡维塔已经搬开了自我怀疑这块绊脚石。

支持者的鼓励对实现目标是有帮助的。卡维塔的朋友发挥了关键作用，帮助她坚持下去，不畏惧风险——尤其是在经历了多次挫折之后。

需要注意的是，追求目标的过程伴随着高峰和低谷。当你步入荆棘之地时，你的第一感觉可能是困惑和一头雾水。你会尝试很多不同的路径，而其中的一些很可能到头来是死胡同。聪明人会停下来思考，不让自己陷入沮丧。早期的尝试很可能会失败，但也会使你的目标更加清晰明确。遇到低谷并不代表应该放弃，出路是一步步走出来的。

记住，要保持耐心。

可能你自己感觉不到，但你的每一段经历都会使你更加接近目标。

找寻工作激情的行动指南

如果你能在学业结束前发现自己的目标的话，那么你就是幸运的。这样一来，你的优势、技能和机遇能与你未来的事业实现近乎完美的结合。你会洋溢着激情，在工作的各个层面获得成功。如果你碰巧还能与自己的同事友好相处，那你更是中了头彩。

但大多数人都无法很快地找到工作激情所在。尽管公司的招聘人员都想寻找“憋着一股劲”或“眼中闪烁着光芒”的人才，但在工作中没有激情也不是什么大错。

阿历克斯可不仅仅是缺乏激情——工作简直让她感到恶心！苏菲在所谓“正确的道路”上坚持了很久，但也没有找到激情。两人都在提出关于工作的具体问题后，在找寻答案的过程中发现了新的动力。维克多和纳撒尼尔在找寻目标的过程中进行了深刻的自我反省，他们问了自己一些更为根本性的问题。克里斯蒂发现激情不一定取决于工作本身，做出自我完善的选择才是关键。自我怀疑限制了卡维塔的能力，一经摆脱枷锁，她的潜能便得到了淋漓尽致的发挥。

每一个故事都是关于激情的源头——“目标”的故事。忘掉激情，全身心投入到追求目标的过程中吧，因为这个过程本身就会带给你前进的动力。但要注意一点：这一过程不会一帆风顺，别指望某次深刻的思考一定会带来靠谱的计划。你的旅途将充满不确定性，甚至颠簸不堪。在不断地尝试和犯错中，你会学到知识，你会不断进步。听起来感觉有些“沉重”是吗？确实如此。

如果你仍然想要找到目标，那么就照我下面说的去做。

审视自身

你需要的第一件工具是你对于自己的洞察。好消息是你已经具备了这种洞察力。它隐藏在你的记忆深处，稍稍挖掘，你就能够释放它。

- **重温动力之源**。给自己一些时间。如果你愿意的话，也可以从冥想开始。[①]舒服地坐在椅子上，后背挺直，四肢伸展，双脚置于地面。闭上双眼，慢慢吸气，然后深呼一口气。重复三次，然后正常呼吸，从头顶到脚趾，慢慢放松身体的每一部分。这需要花上几分钟的时间。准备好以后，让自己开始回忆。
    - **想想人生各个阶段激励自己前进的经历或做法**。回到自己的年轻时代，从那里开始。选择一些高光时刻——你全身心投入其中，精力充沛地做事的时刻。身临其境地感受那种正能量的源头。放飞自己的思绪。
    - **总结经验**。回顾自己的高光时刻，思考什么是你自己最珍视的东西。当你将动力之源与珍视之物相结合后，你就会发现自己的优势所在。体悟自己过去选择某条人生道路的原因（而不加以评价），给出诚实的回答。除了“我不知道”外，任何答案都可以。

① 如果你想知道商务人士如何进行冥想练习，可以参考陈一鸣的《硅谷最受欢迎的情商课》（*Search Inside Yourself*），或者乔·卡巴金的著作《不分心：初学者的正念书》（*Mindfulness for Beginners*）。

- **探索自己的工作经历。**这一练习最好用笔和纸来完成。通过回顾自己的工作履历，你会发现自己对工作的好恶所在。如果你已经从事同一份工作长达 10 年，请将这 10 年划分为不同的阶段。如果你刚刚工作一两年，那么把过去的兼职工作也算上。把所有的工作经历都纳入其中，甚至那些在你看来完全是浪费时间的经历也算在内。
    - **寻找激励自己的特定任务、人物和工作环境。**可能的话，针对三个方面列出三份清单。仔细回顾工作的每一阶段。记得把激起了你的斗志的工作难题也记录下来。
    - **发现影响工作的消极因素。**在你所接手的特定工作任务、所接触的人物和工作环境中找寻蛛丝马迹。指出使你厌烦或恼怒的工作难题（尽管那些工作你最终还是完成了）。
    - **仔细评估。**工作中让你感到充满动力的时间占整体的百分比是多少？根据你的目标进行判断。低于 30% 就是一个警示。借助上面那些对于自己的洞察，你可以将这个百分比由 30% 提高到 60%。

提出高质量的问题

现在你已做好了提问的准备。大胆去问，而且请记住这很重要。提出并思考问题的习惯对找寻目标很有帮助，这是一项能使你受益终身的技能。

问自己两类问题：抽象的和具体的。第一类问题是关于你的宏观蓝图的，第二类问题则更加贴近当下实际。如果某一类问题不起作用，试试另外一类。获得答案不是轻而易举的事。反思是令人痛苦的，但它能激发思想火花的碰撞。请按如下步骤实践：

- **用长远眼光思考问题，摆脱思维定式。**选择自己感兴趣的一些抽象问题，进行一场头脑风暴："什么对我才是真正重要的？""什么会让我快乐？”“最完美的我在哪里？”“最让我后悔自己没在退休之前做的事是什么？”最经典的问题是：“我——只有我——所能做的独特贡献是什么？”提出问题，然后倾听自己的回答。如果你无法给出具体答案，不要放弃。让其他人描述一下最佳状态的你，或者休息一下，试试下面的方法。

- **想象自己在现在的岗位上继续工作三年会如何。**如果这一想象让你充满动力，那么花点儿时间思考你的积极性来自何处，然后让自己进一步朝这个方向努力。如果这一想象让你感到倦怠，那么想想自己可以做何改变。判断自己有多大的自由度和选择度。
- **想象自己十年之后会变成什么样子。**想象自己身体健康，生活快乐，工作成功——总之，一切顺遂。这时，你在做什么工作？你的动力何在？你的潜力用在了哪里？试着打破所有的限制。如果你知道自己不会失败，你会做什么？

● **认真看待自己的工作。**如果你是一个现实主义者，进行上述这类天马行空的想象可能会让你抓狂。这样的话，试着问自己这些问题："我每天想要做什么？”“工作中的我喜欢从事什么具体事务？”“工作中的什么事情能让我感到兴奋？”“工作中的什么时刻我最专注？”找其他人谈谈他们的工作，你也许会受到启发。

- **接触相关人士。**你可能会对几种职业感兴趣，对于每一种职业，你都可以通过接触相关的专业人士进行一系列独立的探索。这一探索过程的秘诀在于“六度分隔”理论。从你对其所从事工作感兴趣的第一个人开始提问，然后让他给你推荐两个相关领域的人。随着探索的继续，最终你会遇到那个合适的人选领你入门。这一过程最多需要你采取六个步骤，联络六个人。
- **保持联络。**你将遇到很多人！你会希望这一人际关系网络能维持并发展下去。保持这种关系是有价值的。记得让大家知道你目前的情况如何，最后决定在哪里工作。人们喜欢得知事情最终有了结果。

- **权衡利弊**。几乎没有人能够找到绝对完美的工作。任何工作都有利有弊，即便这项工作看起来就像是为你准备的一样。因此，你要找出自己对一项工作的好恶所在，认真权衡利弊。也许你讨厌旅行，但你可能仍会选择一项需要频繁出差的职业，因为你更看重这份职业为你带来的难得的机遇。

大声说出自己的目标

说出目标需要你先明确自己的目标是什么。即使你的事业刚刚起步，你也需要认清自身和自己的目标。不要执着于追求完美。你的眼界会随着不断地实践逐步提高，因为你在不断地成长。照着下面的步骤去做：

- **让右脑主导你的思维**。完全不使用左脑很难，但不妨先尝试一下。拿起一个日记本、一块黏土或一支画笔——任何可以用来表现语言或画面的东西都行。停止思考，完全放空自己。没有人在观察你，让自己毫无顾忌地去写，去画，去创作。你要寻找的是让自己每天早上起床的动力。
- **大声宣告**。一旦找到目标的蛛丝马迹，立即进行确认，大声说出来，用笔记下来。
- **停下来去感受**。重读自己写下的目标，停下来倾听自己的声音。你的身体有何感受？情感上有何反应？如果答案是“什么都没有”，那么说明这还不是你最终的目标。做好自己的日常工作，相信自己总有发现目标所在的一天。

- **激励自己。**咨询朋友或同事的意见，让自己鼓起勇气。要注意，有些人可能会鼓励你去做他们想做的事。他们的善意提醒也许对你并不适用。你可以问问他们对你的目标有何高见，以及怎样才能让你离目标更进一步。

积跬步以至千里

有些人只有在陷入事业低谷时才开始尝试追寻目标。他们感到了某种压力，因而不得不迅速采取某种极端的行动，这也是人之常情。如果你也属于这种情况，请保持冷静。首先评估困难的严重程度，以及你能否扭转局面。给自己一些时间。通过试错，你走出的每一小步都将是有效和积极的：

- **先啃硬骨头。**如果只是一两个方面的问题导致你处境不佳，那么你可以尝试向正确的人反映你的问题。实践证明，如果员工向上层反映情况的话，管理层大多时候是会倾听和进行处理的，但多数人都打了退堂鼓。如果你已经准备好了，说出自己的诉求并不会有什么损失。
- **做好力所能及的小事。**分解步骤，一点点地检验自己的目标。
  - **创造性地思考。**公司内部每天都不乏临时性的任务和工作，你可以在你的本职工作之外选择你感兴趣的任务。公司中也存在平级调动和职务变更等机遇。此外，完成本职工作之余，你还可以承担一些志愿工作，或者尝试一些自己能够独自完成的项目。
  - **不断学习。**如果你被其他行业或其他部门的工作所吸引，找机会试试自己是否适合这份工作。参加相关的见面会，结识一些正在从事你所感兴趣的工作的人。
  - **做出改变。**当对一个不一样的未来的期待超越了维持现状所带来的满足时，你就知道是时候“放手一搏”，做出某些改变了。

- **在离职前，先试着在现有岗位继续工作一年。**如果你的工作从一开始就不适合你，那么长痛不如短痛是很合理的。不过，在工作中学习和获得经验的好处通常会弥补你的痛苦。一年的时间足够你了解某个职业的基本模式和操作流程，并培养一些专业技能，这也可以让你做出更准确的判断。

当你不断接近自己的目标时，某些变化已悄然发生。你将能分辨出哪些是真正的机遇，而哪些仅仅是干扰和噪声。你将在工作中感到更加快乐。即使是在不顺的日子里，你也将心存希望，因为你采取了积极的应对措施。审视自身、提出问题、明确目标和尝试改变的过程终会有所回报。

别急着奔向终点，将你的职业生涯当作一部经久不衰的电视剧。在下一集里，我们将介绍更多精彩的内容。

/ 第二章 /
面对压力，调整自己

压力马拉松从很早就开始了。起初，你想要一份好工作。之后，你想保住饭碗，或跳槽到更好的单位，再之后是争取获得晋升，等等。而且，总有人比你表现更佳那么一点儿。这种压力马拉松有结束的一天吗？没有。一个竞争者消失后，新的对手又出现了。

太多的压力带来了始料不及和不必要的后果。周五晚上，你跟朋友倾诉自己感到焦虑、压力大、不满或悲伤，但你不明白为什么。你将其归咎于疲劳，决定到健身房好好发泄一下。到了周日晚上，想到第二天又要上班，你开始幻想自己开了一家面包店，搬到了波特兰，重回校园，总之干什么都行就是不想上班。

有人善于将压力变成动力，有人学会了缓解压力。以萨利为例。她天生适合镜头。大学时在电视台的实习结束后，她获得了一年的续约。但那年恰好赶上公司裁员，萨利觉得自己很可能面临失业：

续约还有两天就要到期时，我得到了一份夜间节目制片人的工作。我接受了这份工作。对我而言，这份工作需要我学习一整套全新的技能。上司非常严厉，总是大喊大叫。每天上午九点我们都会召开会议，讨论工作中出现的各种问题，而前一天晚上我们一直在工作。这太糟糕了。我不停地打瞌睡，每天都挣扎度日，几乎没有时间去见男朋友。

上夜班的仅有三个人，你必须什么都会干。我简直做得一团糟，这真是一场彻头彻尾的灾难，稍不如意我就会掉眼泪。我意识到自己还远远不够资格当一名节目制作人。你必须在高压环境下学习和成长，每个人都是如此。

八年里，萨利凭借勤奋的工作获得了数次提拔，这份工作帮助她锤炼了应对工作固有压力的坚强品质：

当被问到是否愿意再次重复一遍这个过程时，我不知道该如何作答。那段时间我身心俱疲，但我也的确借此成长了许多。需要熬夜工作的人很多。如果你心意已决，认定这就是你想要做的，那么就欣然接受这份工作吧。

当然，欣然接受也并不能减轻压力，时不时地，我也会想要待在家里不去上班。我每天晚上 10 点开始工作，每项任务都不轻松，尤其是需要上级签字审核、严加把关的任务。突发状况也总是令人紧张，但我每天都在处理这些事情，现在我已能轻松应对了。

萨利应对压力的方法是设定目标，并将其细化为各阶段的小目标；在工作中建立稳固的师徒关系；安排时间进行适当的自我调节。她还会时刻提醒自己：这就是我想要的工作。

如果你选择了一份任务重要性高、任务时效性强的高薪工作，那么压力将是无法避免的。你可以享受压力，学习适应压力，或让自己饱受压力的折磨。在选择知难而上或急流勇退之前，先通过本章我要讲述的故事测试一下自己的忍耐力：

- **如果你自身就是压力的最大来源怎么办？**布洛迪获得了自己想要的工作，但他对自己工作表现的完美主义式苛求将自己拖入泥潭。
- **如果压力不期而至怎么办？**在新上司上任公布了新规则后，艾玛感觉自己的世界被彻底颠覆了。
- **当你无法依靠自身时该怎么办？**创业公司、医学院的学业和商学院的课程让拉雅分身乏术，他将自身置于一种难以摆脱的混合压力之下。

- **你准备如何掌控来自工作的压力？**尽管从事着自己一直渴望的工作，但克里斯托弗还是在压力下失去了工作方向。
- **何时该选择放弃？**躺在救护车上的那刻，玛雅看到了自己的极限。

也许你认为只有在特定的行业和工作中你才需要承受压力。不，不是这样的。各行各业都有压力。更多的时候，各行业的高手还会主动承担更多的压力。但这并不是说每个人都饱受压力的折磨。尽管承受着体力上的消耗，很多人仍然热爱自己的工作。他们能将压力化作动力，在休息时积蓄能量，在摸爬滚打中磨砺自己。

压力是当今社会现实的一大特征。老实说，我不认为任何人能够避开它。而且压力也有积极的一面，包括那种大到让你想要认输的压力。在压力之下，肾上腺素会驱使你采取行动，更快地成长，取得更大的成就。压力能够让人兴奋。

压力本身谈不上好坏。如果它来自你自身，我将在本章向你展示缓解这种压力的方法；如果压力是你成长曲线的一部分，那么它带来的问题将会随着你掌握我在本章所介绍的新技能迎刃而解；如果压力来自外部因素，那么你应该学会更好地照顾自己，让自己渡过难关。你也可以花时间进行自我调节，甚至选择放弃。

换句话说，面对压力，你是有选择的。

勇于展现自己的才华

> 几乎没有一项工作会要求你做到绝对完美。恐惧驱使我们走向这条完美主义之路，而我们因此屡屡遭遇挫败。

布洛迪目睹了父亲在炼油厂辛勤工作几十年，因为工伤不得不接受多次背部手术，又在退休后饱受帕金森病折磨的人生轨迹。布洛迪认为，父亲工作得如此努力，而生活并没有因此而变好。但面对经济衰退，布洛迪仍然为了找到一份工作学了金融、会计和管理三门专业。受聘于一家会计公司后，布洛迪感到生活有了保障，但一成不变的工作任务又让他觉得无聊。于是，有着更高追求的他跳槽到一家金融公司，选择了一份更有挑战性的工作——当然也伴随着更大的压力：

头两个月，压力和竞争使我不堪重负。我畏缩不前，对很多有待处理的工作采取了一种袖手旁观的态度。之后我的直属上司离职了，我花了五个月的时间才收拾好他留下的烂摊子。我害怕出错，不敢在公开场合说出自己的意见，不敢对高层领导说出自己的想法。我真的非常在意别人对我的看法。

哪怕是回到家之后，我也饱受工作的困扰，这太可悲了。

幸运的是，布洛迪遇到了一位精神导师。两人共进午餐时，导师鼓励布洛迪积极面对工作。那天晚上，布洛迪参加了一场活动，活动中的一位演讲者传递了同样的信息：

他说："那些事事追求完美、确定的人永远做不成事。"你必须抓住机会，勇于尝试，没有人会一直不犯错。听到这场演讲的时机对我而言实在太关键了。我觉得他所描述的正是我的感受。即便有百分之九十五的把握，我也不会发表自己的看法。为了不让别人把我当作傻瓜，过去我一直借上司之口应付各种问题。我太害怕出错了，以至于我无法认真思考任何问题。有时我的观点错得离谱，有时我干脆人云亦云。

第二天重返工作岗位时，我告诉自己，要勇敢站起来，发挥自己的作用，不然就打道回府。于是我不再居于幕后，而是开始说："这件事交给我吧。"我的思维模式开始转变成：拿薪水就是为了充分施展自己的才华。

我仍然偶尔感觉自己像个傻瓜，但不再像以前那样担心这件事了。自此，我开始在工作中学到更多。如果不对别人的观点保持开放的态度，你就无法让自己变得大胆而自信。如果你自我封闭，你就无法与他人共事。

很多人在事业上远比我成功。我不觉得自己在十年内就能成为首席财务官。说起来，我不怎么喜欢那个三个月前刚上任的新财务官，他竟然在领导跟他打招呼的时候提加薪！

还记得布洛迪的直属上司留下的职务空缺吗？布洛迪凭借出色的工作表现迅速得到晋升填补了这一空缺。自改变心态以来，他从一名表现突出的员工迅速成长为领导者。

启示

自己给自己施加的压力几乎使布洛迪崩溃。换工作带来了新的挑战，高强度的竞争和直属上司离职又进一步对布洛迪施以重压。为了避免自己看起来不堪一用，布洛迪试图做到百分之百的完美。他变得过于专注自己的表现以至于忘记了倾听他人的意见。压力引发恐惧，恐惧导致沮丧。布洛迪面对的是最糟的局面：在自己喜欢的工作中失败。

几乎没有一项工作要求你做到绝对的完美。恐惧驱使我们走向完美主义之路，而我们因此屡屡遭受挫败，最终陷入恶性循环。

布洛迪转变了自己的思维模式，缓解了自己施加给自己的压力。他强迫自己坐在驾驶员的位置，哪怕仍然感到恐惧也不退缩。他有意识地将关注点从害怕被人评头论足，转向将交换意见视作有效的团队协作，这自然导向了截然不同的行为模式。现在他会在讨论中先提出自己的观点，供大家补充完善，或批评纠正。就效果而言，布洛迪发现自己取得了可观的进步。

不苛求完美使布洛迪的表现上了一个层次。奇怪吗？一点儿也不。

别质疑，去行动

> 艾玛决定直面挑战，而没有选择逃避。尽管她需要学习很多新技能，而这一切都令人生畏。

艾玛第一次来到纽约是为了在百老汇登台表演。她当时才 9 岁，纽约对她来说是一个完全陌生的城市。对艺术的热爱驱使她进入相关行业：

在百老汇舞台表演的经历给了我力量、独立与自信。当我重返纽约就读艺术学校时，我意识到自己需要一份收入稳定的工作。我想找到归属感。从事艺术类工作足够有挑战性，但也很孤独，更多的是在自己的各种念头中打转。我想站上更大的舞台。毕业后，我任职于一家奢侈品公司。部门主管给我提供了很多机会，同事们相信我的能力，我感觉自己找回了站在聚光灯下的感觉。

我并没有相关的工作经验，但我还是抓住了机会！由于主管本人就是一位艺术家，我也配合着用一种艺术化的风格管理部门。我知道他更关注审美上的东西。于是，在主管提出初步构想的基础上，我在产品设计中加入了自己自由化的设计理念，然后和一名负责具体制作的工匠攻关落实。我们打造了一个全新的概念，之后又开始想法子进行商业推广。

然而，换了主管之后，我发现我原先的理念与他的想法完全无法相容。他非常不高兴，认为我们没有完成任何本应完成的准备工作。他告诉我要具备战略眼光，管理好团队，规划好流程。我说："我不明白你的意思，这难道不是一个完美的产品设计吗？"而他回答说这什么都不是，我完全搞砸了。他对我下了最后通牒："你需要向我证明你能胜任这份工作。要么与我步调一致，要么走人。"

艾玛开始怀疑自己。而自我怀疑是危险的，它常常会导致冲动与鲁莽的决策：

我想知道自己能否适应这一局面。我拥有的最重要的东西就是坚定的信念。我开始考虑是否应该放弃，但这一想法让我焦虑。因此我跑回家向父亲寻求帮助。

父亲认为我能够做到，或者至少应该去试试看。于是我想，那我就试试看我能不能做到。我不再让自己深陷恐惧和焦虑，而是开始真正考虑怎样去实现目标。实际上，我遇到的困难很多人都遇到过。我只是在一开始的时候过于情绪化，好在后来我意识到解决问题的可行方法就在眼前：我不再执着于"我能做到吗"，而是开始思考"我应该如何去做"。

带着自己的行动计划和满腔干劲，艾玛重新投入工作：

我感觉自己在半小时内就重新确定了方向！我重组了自己的团队，以更好地完成客户开拓和市场调研等前期工作。我设定了清晰的目标。起初，我只拥有一个小型团队，后来我设法补充了一些具有战略眼光的员工，这使得我们能够尽早解决工作流程上的问题，避免了后期来回返工的麻烦。

我直觉敏锐，擅长设计制作漂亮的东西，且总能按时完成任务。过去我没有在培养人才、完善流程、统筹全局方面投入足够的精力，但这些都是我应该做的！早该如此。

不期而至的压力点燃了艾玛的斗志，使她在工作中快速成长。最终，她升任为公司设计部门的副总裁。

启示

有时，压力会在你无忧无虑安稳工作的时候不期而至。突然间，你的世界天翻地覆。这时你就需要求助于自己的精神导师。这个人并不需要了解你的工作细节，因为职业经验、智慧和耐心才是你当下所需。如果你的精神导师了解你、关心你，这当然更好，但保持客观才是最重要的。

艾玛决定直面挑战，而没有选择逃避。尽管她需要学习很多新技能，而这一切都令人生畏。艾玛通过重新挖掘自身的突出优势战胜了恐惧。

显然，一个曾站在百老汇的大舞台上演出并且 9 岁就开始在陌生城市生活的人，对新的情况会有很强的适应能力。如果你不想让自己的世界被突如其来的变化颠覆，那么你可以回想一下自己曾经取得的引以为傲的不凡成就，让自己立足于此，重新出发。按照自己的计划一步一个脚印地付诸行动，将学习和进行必要的调整视作成就伟业的必由之路。

当舞台幕布升起时，记住，尝试过却失败要远远好于压根未曾尝试过。

张弛有度才能事半功倍

> 给自己施加太多的压力没有好处。有时，他人刺耳的批评能为你敲响警钟。

为了给自己的子女提供更好的生活，拉雅的父母从印度搬到英国，后来又移民美国，在俄亥俄定居。拉雅的父亲继续从事住院医生这一职业，每天长时间地工作。早期艰难融入美国社会的经历激发了拉雅想要有所作为的强烈愿望：

人们对我们很友善，但很明显是对待新来的移民的那种友善。我记得自己当时老是考虑如何做得更多、更好。上九年级时，我每天都要问自己，我做事还能更高效一点儿吗？

我还会每日三省吾身。每天晚上睡觉前，我都会用纸和笔记下自己对这一天感到悔恨遗憾的地方，比如我是否本有机会帮助某人却没有伸出援手。

大学时，拉雅与人合伙成立了一家非营利性公司，致力于推动不同党派之间的领导人对话。在大学、医学研究院和商学院学习期间，他一直负责运营这家公司。专注于扩大公司影响力的同时，拉雅没有注意到自己的生活逐渐失控：

我申请医学研究院本来只是为了让自己有时间忙初创公司的事情，而不是遵从父母的意愿在毕业后立即成为一名专职医生。我其实可以选择休学，但我的父母会将这视作辍学。医学院的课程很有挑战性，我发现在与病患相处时我会感觉自己很强大。同时，处理初创公司的事务也使我对真正关乎整个世界正常运转的事件和思想有了更多的了解。我希望自己处处做到最好，在学校我必须保持最佳状态，在初创公司也不能有丝毫松懈。

在医学研究院的第三年是最难熬的，我必须在医院工作一整天然后再回家温习课程。有时我必须在手术室里从凌晨 5 点一直待到晚上 9 点。有一次，我累得差点儿在手术室里站着就睡着了。谢天谢地，当时做手术的人不是我！每周五下午 5 点 30 分回家后，我会冲上大概 10 杯那么多的一大罐咖啡，然后开始做学院的作业，并处理初创公司的事务。周六晚上是约会之夜，而我的每次约会都会如此收场：吃完晚餐后走进电影院，在电影开始的5分钟就陷入昏睡。

我决定休息一下，去商学院修习一段时间。我渴望冒险、创新与变革。我们的初创公司也办了3年，该换换思路了。

然而在商学院，拉雅的心情变得更糟。他因自己没有做到足够出色而备受打击。他瘦了将近40磅，健康状况堪忧：

我和一位朋友外出小聚。第二天，他给我打电话。他说前一天我一直在抱怨工作，我变得充满负能量。我感到羞愧。我当时常常睡不着觉并感到身体疼痛，但我仍然拼命工作，不愿正视自己的健康问题。我忽视了对自己的照料。我就像对待一株植物一样对待自己，以为只要有充足的营养和水分就够了。

上大学时，我感觉每一天都是生命中最美好的时光。我不知道是何时情况开始发生变化的，但我现在感到每天都度日如年。我陷入了人生的低谷，我发现自己宁愿做一名贫穷但快乐的专职医生，也不愿坐拥权力、地位及人脉，却无法掌控自己的人生。

是时候对人生规划进行一些调整了。拉雅放弃了对初创公司日常业务的掌管，重返医学研究院进修，整个人焕然一新。

启示

在医学研究院和商学院进修的同时还要管理一家初创公司，拉雅承受的压力简直是致命的。拉雅没有对自己给自己施加的日益增加的压力所带来的消极影响产生足够的警惕。好在，他人刺耳的批评为他敲响警钟。

推崇苦行僧式工作的观念塑造了拉雅的行为。他说：“自孩提时代起，我就崇尚寺庙的僧侣以及他们苦行僧式的生活。我一直在努力保持高强度的工作状态，并且陷入其中无法自拔，差点儿让自己累死。”但当拉雅停下来反思时，他发现自己对成功的渴望违背了初衷。他越是努力工作，就越是收效甚微。

思想上的觉醒能引导人修正自己的行为。这并不是在提倡“假装改变直到你真的改变”的老一套。如果你的思维定式阻碍了你前进，你就应该抛弃它——并真正将新的思维方式付诸行动。不这么做的话，你的不健康行为是不会自发停止的，这些行为是你根深蒂固的旧思维模式的副产品。①

擦亮眼睛，引以为戒吧。

划清工作与生活的分界线

> 与你爱的人对话，划定工作与生活的分界线。爱你的人没有义务与你一起赴汤蹈火！

克里斯托弗的父母都有各自的事业，他们在他 4 岁时离婚了。克里斯托弗相信，离婚使他的父母更加明白时刻为孩子提供支持的意义。父母给予他的安全感帮助他健康成长：

高中时，我就学会了为自己争取。我参加了学生会的竞选。当时我的想法是，为什么不试试呢？我虽屡战屡败，但仍愿意屡败屡战。

大学一年级时，我得到了一个做报纸高级编辑的实习机会。这是我

① 如果你对固化的行为模式阻碍目标实现这一现象感兴趣，不妨读一读罗伯特·凯根和丽萨·拉斯考·拉海所著的《变革为何这样难》（*Immunity to Change*）。

平生第一次感到力有不逮。我不知道自己在做什么。我的同事们似乎都比我年长很多，与他们共事是一项巨大的挑战。

大学期间，克里斯托弗专攻工程学，在成为一名决策者之前，他在一家创新工业公司担任产品工程师。他深谙如何将压力转化为动力：

做好一个项目是我的动力所在，我会因为搞定一件事而兴奋不已。这份工作的缺点在于频繁的出差和在出差间歇工作带来的种种不便。有的时候，你会问自己，这值得吗？

我开始帮助合作伙伴开拓市场。我和自己的团队制定战略，四处奔波对接合作方。这感觉好极了：我们在引领行业潮流。销售数字很可观，产品看上去也不错。我们投身其中的事业确实不同凡响。

但我总是想要成就更多。当一个项目完成了80%的时候，我就会开始寻找下一个项目。善于竞争是我的最大优势，我渴望在竞争中获胜。

外部压力在不断累积。尽管工作任务仍然令人兴奋，但克里斯托弗开始感到自己不堪重负了：

我出差得太频繁了，有时一次就长达三个星期。我还必须随时待命，半夜也要接听电话。就在那个时期，我的女朋友和我分手了。也许是命中注定，对我而言这真是一次及时的提醒，我意识到自己在生活中只关注一件事——工作。

在忙于工作的过程中，我错过了很多东西，我迷失了自我。我曾试图让工作占据我的全部时间，故意忽视自己的快乐之源。我忘记了对我而言什么才是真正重要的东西。我没有划定任何分界线，我的世界就是工作、工作、工作。不过我没有什么好后悔的，因为我也明白了很多道理。我还年轻，可以犯一些愚蠢的错误。

如果你珍视身边的人，那么请划清分界线，而且分界线的划定必须经过双方的协商。你应该和你爱的人好好谈一次，告诉对方：“我现在有一个大项目，它对我的事业和个人成长很重要。我会经常出差，你觉得你可以接受吗？”你们应该一起开诚布公地想想办法。

获得成功必然伴随着付出代价。我正受困于此。我现在不知道什么才是真正的获胜。我搞不清楚自己的生活重心究竟应该放在哪。是得到工商管理硕士吗？是更多的金钱、更好的工作、更高的头衔吗？还是一个一把手职务和一间宽敞的办公室呢？

我总是想要对无法预期的未来进行规划，从孩提时代起我就在这么做了。什么是我真正想要的？什么能让我快乐？我没有答案。生活是一段漫长的旅途，每个人都在试着解答这些没有正确答案的问题。

工作几年后，克里斯托弗很快就被升职为产品经理。最近，他加入了一家生物工程方面的初创技术公司，依旧为自己的前途而思索。

启示

当压力逐渐增大时，克里斯托弗一开始的应对措施是让自己更加努力。当压力大到让人苦不堪言时，他也不得不因此承受更多的痛苦。好在，克里斯托弗很快意识到舒缓压力也是自己的责任——这就对了！他可以选择是控制压力还是承担继续负重前行造成的后果。

频繁的出差令人心烦意乱，日益临近的最后期限也会导致坏习惯的产生，此时你会怎么做？不再保持健康饮食，加班加点工作，或者乱发脾气？不，你应该事先评估压力，确定自己可以承受的限度。如果任务本身带来的兴奋感仍然占据上风，那么就努力奋斗吧，祝你好运。

与你爱的人对话，划定工作与生活的分界线。爱你的人没有义务与你一起赴汤蹈火！分界线也会帮助他们设定对于你们的共同生活的期望值，以及帮助你重获身心正常运转所需的能量。

除非让自己平静下来，否则先不要考虑那些关于人生意义的重大问题。在人生的颠簸期提出这些重大问题并不适宜。此时此刻，你找到满意答案的可能性微乎其微。压力总是一浪接一浪地打来，静候浪与浪之间的平静时刻到来再开始思索吧。

用我一位朋友的话说，就是“趁冷打铁”。

终有一天会拨云见日

> 你可以拥有一切，但你不可能同时、长久地拥有一切。万物讲究平衡，不存在永恒的完美。

玛雅在一个保守的印度大家庭长大。她还记得第一次自己独立处世时的情景。在此之前，她一直按家长的指示行事，但在那年夏天高中的数学夏令营活动中，她学会了独立。但上学期间，玛雅还是在努力地迎合他人，纠结于是做自己想做的事还是做自己应该去做的事。大学毕业后，她开始在一家银行工作：

我决定接受这份工作是因为它是最具挑战性的工作。我想将自己置于困境中接受考验。但事实上在大学最后一年，我就发现自己根本不想去银行工作。工作两年后，我已深陷泥潭。

与你共事的人是一切的导火索。即便选择了一个自己不喜欢且任务艰巨的职业，如果你的同事或领导热情、友善、充满远见，你仍然可以愉快地开展工作。但事实并非如此。我在工作中遭遇了不公正的对待。而且和很多人一样，我也会因为他人的过错而陷入麻烦。

那年夏天，我在一个周末摔断了腿。我在救护车上打的第一个电话不是给家人的，而是给上司的。我告诉她我无法在当天晚上递交要用的工作文件了。连一句问我情况如何的话都没有，她就挂断了电话。于是我只好在回到家之后继续做幻灯片。当时我深受打击，一直在想自己到底在干什么。但最后我还是下定决心完成这个项目，尽管我拄着拐杖一瘸一拐，一周要工作110个小时。我都不知道自己是怎么坚持下来的。

后来，玛雅向职业女性网络平台寻求了帮助。她成功地运作并完成了一个项目，工作表现受到瞩目，并得到了晋升。就在这一刻，玛雅决定离开原来的公司：

上交公司配备的黑莓手机，走出大门的那一刻，我感到十分兴奋。那是一个艳阳天，我感到自己终于卸下了一个沉重的包袱。我给母亲打了电话。不过这次沟通不太成功。她发了疯一般地冲我大喊大叫。我坐飞机回了趟印度探望祖父祖母。我之所以在银行工作，仅仅是因为这是我父母和周围所有人的期望。我的母亲无法理解为何我决定辞职不干。

我只知道这不是我想要的。几个月后，我回到了家，找到了一份很棒的由一家非营利性机构提供的工作。我开始负责一些真正具有革新性的项目，我的综合能力也得到了很大提升，我终于对世界做出了自己的贡献。我认为，我完全胜任这份工作！

在新的工作岗位上，玛雅仍然经常需要熬夜工作，但她很快乐。每一个新项目都伴随着新的挑战与压力，而玛雅无所畏惧。在我与玛雅上一次谈话时，她已经当上了母亲，并同时率领着一支精干的业务团队，引领这家公司开启数字化变革。

启示

玛雅的故事启发我们对“何时应该放弃”这个话题的讨论。对此我们应从两方面看。你的工作符合自己的期望，能够让你乐在其中或学有所得吗？如果答案是肯定的，那么接下来的问题是，你能适应这份工作带来的压力吗？如果你已深陷泥潭，那么或许是时候重新考虑自己的决定了。你肯定不愿在职业生涯的早期就陷入地狱。对于这些问题，你的答案是什么？玛雅的故事是关于她的首份工作的，但这个道理适用于职业生涯的各个阶段。

在行动之前，设想一下接下来会发生什么。离开公司，走出大门固然令人兴奋，但也结果难料。你可能感到释怀——还有些不安。那么之后呢？和玛雅一样，也许你也什么都想要。事实是，你可以拥有一切，但不可能同时、长久地拥有一切。万物讲究平衡，不存在永恒的完美。反过来也一样，压力会爆发，压倒一切，但过后也会烟消云散。

用玛雅最喜欢的一句格言来做总结吧——“生活的根本问题不是你想要什么，而是你愿意为何去奋斗。”[①]你应该将奋斗定义为一件好事，因为你能通过奋斗学习本领，获得成长。

谨记：当下尚不明朗的，终有一天会拨云见日。

压力管理行动指南

我们努力工作是为了获得成功。成功的奖励有很多：经济独立、他人的认可、提高声誉、实现个人成长、成就感，这些都值得我们为之付出。不过，奖励越大，我们面临的压力就越大，二者可以说是一体两面。

你会面临何种压力？首先，压力因工作特性各异。萨利每天都要完

① 出自马克 · 曼森的文章《你生命中最重要的问题》，见马克 · 曼森的个人网站 https://markmanson.net/question。

成当天视频节目的制作，这是一份对时效性要求很高的工作，克里斯托弗的工作需要频繁出差，这是一份充满不确定性的工作。其次，压力可能来自工作环境突变，你需要适应新的工作要求。萨利、布洛迪和艾玛都必须一边工作一边快速掌握新技能。最后，压力可能来自我们自身。布洛迪、克里斯托弗、拉雅和玛雅分别受困于苛求完美、过于计较输赢、目标脱离实际以及取悦他人的思维惯性。

大多数情况下，压力管理是一项可以学习的技能。通过学习，要么你的压力会减轻，要么你能更好地应对压力。如果你正在寻求更好的应对工作压力的方法，那么可以考虑下面的建议。

认清压力的来源

我的工作到底出了什么问题？别再自我批评了，多问几个为什么有助于你卸下肩上的重担。

- **搜集事实**。找到压力的源头。列出清单，将真正困扰自己的因素找出来。
  - **行业、公司或职务本身带来的外部压力**：如何分辨外部压力来自何处？注意观察，是否处在同一行业、同一公司或有类似职务的其他人也正面临着同样的压力。推销员会在电话里大声咆哮，记者会在最后期限前疯狂赶稿，医生需要拼命救死扶伤，咨询顾问都在遭受频繁出差的奔波之苦。压力源无处不在。如果你也面临这种外部压力，想想你的工作所得是否与付出成正比。
  - **临时性压力**：学习新技能是令人痛苦的，但你的工作业绩会随着新技能的掌握而提高——而且通常比你预计的要快。如果你的压力来自学习新技能，那么你可以通过定期考察自身的进步情况来缓解压力。如果压力来自公司氛围或工作团队本身，那么不进行其他调整，仅靠掌握新技能恐怕不足以让你应对压力。

   - **内部压力**：有时，压力可能完全是你自己制造出来的。对此，通过有意识地剖析自身，转变思维定式，压力就会随之而去。

- **问自己为什么感到压力**。举个例子，也许你刚刚接到一项新任务，你感到无所适从，陷入恐慌。那么，为什么会恐慌？是怕自己应付不来吗？就这样一直问下去，直到你找不到更糟的答案：从“我会搞砸的”到“我没有那么优秀”，再到“我根本毫无价值”——发现自己的心理轨迹了吗？你找到了令压力自行强化的恐惧根源。你要做的是，接受自己是个普通人，没有人是不可战胜的，也没有人是不会犯错的。这就是事实。

重新定义压力

随着你对工作环境的逐渐习惯，掌握了更多的专业技能，适应了新的工作岗位，你的压力可能会有所减轻。此时，要判断自己是否应该继续现在的工作，你可以采取以下步骤：

- **对照自己的目标，查看自己是否有所进展**。提醒自己当初选择这份工作的原因：公司的什么地方吸引了你？你渴望在工作中锻炼怎样的技能？你想在职场中取得怎样的成就？将你的大目标细化为阶段性的小目标，在此前提下制订自己的工作规划。没必要严格遵循规划行事，但至少制订规划能帮助你让每一天的行动都是朝向目标的。如果你学到了自己想学的东西，或者取得了预期的成效，那么此时工作压力就变得易于容忍许多。
- **看看能否找到缓解压力的方法**。通过和同事及上司谈话，你也许能发现创造性的解压方法。你可以和其他人调换工作任务吗？或者，你能调整时间安排给自己留出放松的时间吗？你的同事们都有什么好的解压方式？如果你发现你在任何环境下都会感觉到压力，那么这就表明，换工作也不会让你时来运转，试着从自身找找原因吧。

- **掌握进退时机**。有时你可能离放弃就只差一点儿了，但当你终于在最后期限前完工，或者掌握了新技能，适应了新上司以后，你会对自己当初的坚持感到欣慰。因此，在决定放弃之前，你可以看看自己的工作节奏。职业生涯始终伴随着高峰和低谷，如果你在工作中从未感到一刻的愉快，那么你就要好好考虑一下重新选择了。

处理好力所能及之事

工作有时让人精疲力竭，你可能会因此逐渐忘记自己选择这份工作的初衷。通过回溯自己的初心，你可以重拾工作动力。

- **专注于投入而非产出**。将每一个充满压力的挑战视作一个学习机会，你的压力就会有所减轻。你无法确保工作一定能够圆满完成，但你可以在过程中竭尽全力，充分利用每一次机会学习和提高。
- **划定分界线**。如果不对工作强度进行限制，那么会发生什么？
  - **进行实际测试**。想知道自己是否因为工作而失去了生活的最好方法就是问问你身边的人。当局者迷。当你眼里只有工作的时候，你是看不到其他东西的。
  - **对自己诚实一点儿**。如果你心中所渴望的就是打出一击制胜的全垒打，那么就别再费心考虑边界了。但记得要把你的决定明确告知你的身边人。你的亲密朋友或家人也有他们的目标。在下定决心将工作放在第一位之前，先考虑一下他们的感受。
  - **与身边人深入沟通**。压力也可能来自身边人潜在的期望和对你的不满。不是所有的压力都与工作相关。与身边人深入沟通这些事同样有助于缓解压力。

- **放弃一些东西。**你不可能在同一时间搞定所有事。搞清楚有什么可以委托给别人，有什么是不需要做的（或者至少不需要现在完成的），以及什么是只有你能做的。
    - **对工作任务进行分类。**制作一个 2×2 的表格，按重要性高低和紧急性高低对工作任务进行分类。将最重要和最紧急的事情作为你的优先处理事项。
    - **先和上司谈谈，再选择性地放弃。**如果你有太多高优先级事项，和你的上司谈谈看哪些事务是可以委派给别人的。你可能会对此类谈话感到不安，但让他们知道现实情况总比过后让他们失望要好。人们讨厌失望。
- **培养阶段性回顾的习惯。**每个周末或月末（避开任务提交最后期限这种关键时段），花 20 分钟的时间回顾自己在这个阶段经历了什么。不要自我批评。首先，回顾一下工作中的出彩之处及自己的收获，把它们写下来最好，这样你更便于记忆。接下来用清晰准确的语言，描述一下你觉得自己在哪些方面还有进步空间。尽量避免陷入自我指责。如果你发现自己在潜意识里正对自己大呼小叫，那么试着让注意力重新集中到回顾、欣赏自己的成就上来。定期回顾自己的表现，如果你即将进入一个新的工作环境，记得把以往的记录清零，重新开始。

照顾好自己

当压力大到无法承受时，你就必须采取一些行动了。以下是一些用于缓解当下及长期压力的技巧：

- **依靠某人。**压力越大，你就越容易感到孤独。但你并非生活在真空里，你周围的人都可以帮你舒解压力，让他们发挥倾听者、精神导师或帮手的作用。

- **寻求更有经验之人的帮助。**如果你是团队中的唯一项目负责人，那么你可以向你的上司、精神导师或你信任的同行前辈寻求帮助。他们进入职场的时间更长，更有经验，听听他们的建议很有价值。这是一个交互的过程，他们可能也有压力需要倾诉。
- **试试工作之外的关系网。**工作之外的关系网也可以为你提供帮助，比如你的伴侣、朋友及父母。但需谨记，找其中一些人寻求帮助可能会适得其反，让你的压力不减反增。不要接触那些负能量者，他们可能会利用你来发泄情绪。

● **从小调整开始。**你的伴侣、朋友、父母和同事（甚至陌生人）都有可能发现你正处在困境之中，但只有你自己能采取针对性的补救措施。设定小目标，重新调整生活状态，让变化悄然发生。从改变思维定式开始做起。

- **找出自己忍受压力折磨的原因。**你为何饱受压力的折磨？当然，工作压力是客观存在的。但面对压力，你可以选择是继续忍受它，还是让自己从中解脱。
- **改变阻碍你前进的思维定式。**你也许一直在取悦别人而非为自己奋斗。让你的思维模式与你真正的目标同步。
- **监督自己的行为。**注意，你还没有走出压力的泥沼。将自己的行动与自己的表态进行对照。你不需要立即完成转变，但至少要用行动强化你新设定的思维模式。

压力太大有损工作热情。它会干扰你的工作表现，削弱你的工作成

就感。你越能平复来自你自身的内部压力，就越能更好地应对来自外部环境的压力。这并不是在说，受困于压力是你的错——这无关对错，但搞清状况的确是你自己的责任。

壶里的水已经沸腾了，现在轮到你来决定是置之不理还是揭开盖子了。

/ 第三章 /
不慎失误，也可以重整旗鼓

在一场工作面试中，面试官很可能会让你谈谈你以往的失败经历，但他们想听的答案往往并非那些真正重大的失败。高层领导者一般会对这种问题一带而过，谦虚地表示他们经历的失败太多以至于无法一一列举——当然，他们说的都是一些无足轻重的失败。专家指出，失败是为勇于创新颁发的勋章。但是，失败不同于成功之处的最明显一点在于：失败是痛苦的。失败留下的伤口会疼痛很长时间。如果有人告诉你失败没什么大不了，那他们肯定是在说谎。

失误是失败的孪生姐妹，也是一个不大不小的学习机会。虽然没有失败这么严重，但它仍会带来痛苦，会使人感到羞愧、尴尬、悔恨和愤怒。失误还常常伴随着恐惧，让人感觉自己无能，没有价值，令他人失望。为了压制恐惧，我们愿意做任何事去避免失误，这反而增加了失误的危害程度。我们厌恶失误。

当然，这也就是为什么我们喜欢听别人的失误故事。琳恩是一家高科技公司的产品经理，他在工作中犯了一个错误，继而引发了连锁反应：

我们决定在某个日期之前推出一个产品的新功能。我听取了别人的意见，在设计新功能时走了一条捷径，部门主管也觉得这条路子可行。但项目开始后，一位高级主管不喜欢我们的方案，他向部门主管提了他的意见，而部门主管当时已经忘记自己此前已经批准了这个方案。

部门主管告诉我：“也许我们确实讨论过这个方案，但我当时没有认真听。无论如何，用户体验不应该打折扣，我们还是按正确的方式完成它吧。”我的整个团队对于我们不得不重新开始做这个项目感到失望。我告诉他们，都是我的错，是我选择了一条错误的捷径，这种妥协是不应该的。我感觉自己好像失去了他们的信任。我将错误完全归咎于自身，感觉很糟糕。

我一直没有停止自责，对于即将发布软件新功能一事也感到很担忧。我害怕软件更新会让用户失望，但我的部门主管表示：“这是软件研发，大家都应该对变化有所准备！”

我学会了不能盲目接受妥协。我应该相信自己的直觉。如果我发现我们为了完成任务做了太多的让步，我就应该及时踩下刹车。我应该在实施方案之前再找主管谈谈，走捷径不如推迟发布时间。我追求尽善尽美，不想让别人对我失望。我知道我不可能让所有人满意，但我很难接受这一事实。

最终，琳恩按时发布了这款产品的新功能，并且没有在用户体验方面做任何妥协，及时避免了让一个错误发展成一场失败。但琳恩仍在内疚感与想让所有人满意之间反复挣扎。

失误会带来一系列消极的副作用。一旦失误发生，我们就会采取行动避免再犯。之后我们需要时间让伤口愈合。有人能够吸取教训，获得成功；有人却深陷过去的泥沼，无法自拔。让伤口愈合是有方法可言的，下面的故事会给你一些启发：

- **没能兑现诺言后，如何重整旗鼓？**在新的工作岗位上，比尔抓住了一个绝佳的机遇，却发现它变成了一个陷阱。他倾尽全力但仍遭遇了滑铁卢。
- **当错误不可避免时怎么办？**像在马路中央被车灯直射的小鹿一样，面对一位高级客户提出的专业问题，珍妮儿感到手足无措。

- **当失误完全是你的责任时怎么办？**凯特琳的失误掩盖了她先前的优秀表现。
- **你应如何看待自己的错误？**乔治对于自己具备补救一个严重错误的学术修养、专业精神和独特优势感到骄傲。
- **你能从错误中真正学到什么？**一个看似灾难性的错误给鲍丽娜带来了一个预料之外的正面结果。
- **你如何从无法补救的错误中重整旗鼓？**伊莎贝拉能做的只有抖擞精神，继续前进。

这些故事都有一个令人满意的结局，而且我并未添油加醋，每个故事都是真实的，甚至真实到会让你感觉不舒服的地步。失误带来的负面情绪通常会持续很久。当然，如果一个人能保证自己有足够的睡眠、适度的压力、更充裕的时间，能更加专注于需要解决的问题或三思而后行，很多失误就是可以避免的。但人无完人，总有一些失误是难以避免的。

准备好欣赏这些并不完美的男女主人公的故事吧。然后对自己也会犯错这件事做好准备——错误的发生往往毫无预警，你需要做的是在错误中成长。

你必须竭尽全力兑现承诺

> 为什么在接受任务、许下承诺前说“让我先看看这个项目的情况”这么难？

比尔的父亲有一辆 1965 年产的克莱斯勒 300 型轿车。车经常抛锚，因此比尔和父亲每周六都会花点儿时间修车，然后再开车出去兜风。比尔的父亲本身是一名护工，但比尔很早就知道自己将来会和汽车打交道，而诚实和信任将是自己的成功秘诀：

我成长过程中的许多时间都是在教堂度过的。在这里我培养了自己诚实的品质。对于任何事，诚实都是最重要的。信任他人的唯一方式就是相信他们说的话，无论是工作还是体育比赛都是如此。没有诚信，没有人愿意和你打交道。

作为我们家第一个进入《财富》500 强汽车企业工作的人，我感到任重道远。感谢我的主管让我慢慢找到了工作状态。在干我的第一份工作的第一年中，我一整天除了上厕所和 30 分钟的午饭时间外都埋头于电脑前工作。我没觉得太糟，但也没感觉多好。

不过与此同时，我挣的钱也越来越多了。一开始，我完全不能随意离开办公室，更不能中途回家，因为主管会对员工进行微观管理。但现在，我一周不在办公室也不会有人质疑，因为人们已经对我有了充分的信任。我不必再整天守在办公室里了，现在的我拥有充分的自由。

但比尔犯的错误也与信任有关。有一次，他接手了一个已经推进了一半的项目，他先和高级管理层进行了会面：

他们对我上下打量了一番，说道："现在时间紧迫。你必须在四天内完成这个项目。"我说："我可以做到。"一些人不相信地笑了起来。之后我离开了会议室，我向一些人了解了情况，然后发现在四天内完成项目根本不可能，四周的时间还差不多。

我被要求在四天后在会上报告成果。会议上，高级管理层很严肃，没人再开玩笑了。我为自己没能遵守承诺感到尴尬，但我表示："我无法在今天就报告成果，但我制订了计划。我确定自己可以在未来的某个具体时间交差。"他们对我的表态感到满意，想要进一步了解我对项目情况的掌握程度。气氛开始缓和下来。他们表示："好的，我们希望你能按你说的完成任务。以后我们每周碰头一次，讨论一下项目的进展情况。”

最终我按时完成了任务！许下无法兑现的承诺这样的失误不会再发生了。我从父亲那里学到了很多。对于自己做不到的，他从不贸然承诺。他会说：“我会竭尽所能去做。我只能承诺这些。”如果你不了解情况，不要鲁莽地接下任务，不要因为觉得“现在到了我表决心的时候了”就轻易许诺。我学会了言出必行。

遵守诺言完成任务为比尔带来了更高的声誉和更多的责任。接下来，比尔被委派担任公司的中美合作生产和工程项目的联系人，他又开始致力于新一轮的诚信建设：

人们不仅想要知道你是否了解这件事，还想知道你是否真正关心这件事。他们相信你将按照你自己的方式带领他们工作。去询问他们的想法，倾听他们的意见。对中国合作方的员工而言，我的工作方式让他们感到惊讶。

他们总会准备特别丰盛的晚餐。尽管我和整个团队可能已经在这一天工作了 15 个小时，疲于享用这样的大餐，但我还是会去参加晚餐聚会。我想表明的是我愿意融入他们的文化。这样下次再谈论工作上的事情时，他们就会想，比尔说话了，我们应该听听他的意见。

每一次都能遵守诺言完成任务使比尔不断取得事业上的成功，这为他赢得了更多的财富，当然更重要的是更多的信任。

启示

我们都曾经有过在未考虑清楚后果的情况下违背诺言的经历。不管是出于对项目内容本身的兴奋、想要取悦他人的意愿还是出于别无选择，在某些时刻，你就是会犯下轻易许诺的错误。之后，未兑现的诺言会快速腐蚀他人对你的信任，比尔得到的教训正是如此。

进行补救并不容易，但并不是不能做到。比尔给我们树立了榜样。弄清项目的基本情况，修改你的计划，坦诚你无法在之前的限定时间内或限定条件下完成任务，然后给出新方案。按照新方案保质保量完成任务，避免让他人对你再次失望。当然，对自己无法做到的事情，最好还是在一开始就不要许诺。

为什么在接受任务、许下承诺前说“让我先看看这个项目的情况”这么难？首先，你必须要有底气，要相信自己。一直以来的信念强化了比尔的自尊和自信。何况他还有一位身材魁梧的长兄！他的哥哥和他一起长大，并一直努力保护他，因此比尔从来没有受过别人的欺负。这种安全感和底气正是你需要的。下次如果再有人急迫地提出要求或委派任务，想象一下自己的大哥或其他可以充当你的精神支柱的人正站在身边保护你。即便你迫于压力觉得自己不得不许下你无法兑现的承诺，你的大哥也不会答应的。

让大哥替你出头吧。

要在失误中快速成长

> 在积累了足够多的经验之前，我们每个人都会做出错误的判断。

珍妮儿在特立尼达长大，从小就和父母在他们的中国祖父母开的一家商店里干活。三代人为了珍妮儿和她的兄弟们辛勤付出。他们的坚忍不拔使珍妮儿形成了注重经济安全、专业技能和完美表现的性格。毕业后，她加入了一家金融机构，这份工作完美匹配了她的三个关注点。工作起初进行得很顺利，直到她遭遇了一次正面考验：

我们的客户都是首席财务官或财务主管——高头衔加高龄。一次，我的上司没能出席一个工作会议。一位担任首席财务官的客户问了我几个问题，而我完全不知道答案。我感到极度自卑，一直在想：见鬼！我应该知道答案的！

我只能临场编造了一些答案。当时我认为这就是最佳的应对方案，但事实证明并非如此。而且，我本以为这事会很快石沉大海，不再被人提及，但显然我又猜错了。会议结束后不久，一位资深的同事找到我说："我觉得你的答案并不正确。"这简直是一记狠狠的耳光。

我当时真的应该告诉客户："很抱歉我现在无法给出确切的回答，但我会在查询资料之后立即给您反馈的。"

珍妮儿后来找到了正确答案，并在随后发给客户的跟进邮件中将答案告知于对方。项目正常进行了下去，但她仍受困于自己的错误回答：

客户没有对我的错误答案揪住不放，但我永远忘不了这件事。打这以后，我在每次开口之前都要反复考虑。而且，每次我看到当时纠正我的那位同事时，我都会回想起那时的情景！我感觉尴尬极了。

很多人都会说错话，但他们没让这些成为阻碍，而是继续正常工作。我希望被人信任，让他人觉得可靠，所以我不能犯错。但金融行业的很多事其实都是凭感觉的。如果你说了错误的答案，但语气坚定、充满自信，10 个人里有 9 个会相信你。而我从小就养成了自我批评的习惯，自我意识太强，在这个行业，这种性格会阻碍你前进。

给出错误答案一事其实早已成为尘封往事。从那以后，珍妮儿充分吸取了此事的教训，很快取得事业上的进展。

启示

珍妮儿的上司当时做出让她独自参加工作会议会见客户的决策是正

确的。这对促进她的成长很有利。直接面对客户提出的难题并不轻松，每个新人面对这种情况都会至少犯错一次。在积累了足够多的经验之前，我们每个人都会做出错误的判断。

换个角度看问题可能有助于我们避免再犯此类错误。从提问者的角度看，比起听到你快速给出的答案然后怀疑它是否正确，对方更愿意多等一会儿，听到你自信地给出一个答案并相信它是正确的。诚实地说“我不知道”反而有助于建立信任。自信之人不会担心说出这样的话会给自己造成什么损害。即使专家也不可能知晓一切，但他们的确知道如何更快地找到答案。

此外，你还可以为此类正面考验预做准备。练习一下你的台词：“很抱歉我现在无法给出确切的回答，但我会在查询资料之后立即给您反馈的（注意选一个合理的反馈期限）。”在挑战来临前锻炼自己临危不惧的心态。如果问题很有挑战性或提问者很严厉，那就花时间好好理解问题，组织好自己的答案。让你自己习惯你并不知道答案这件事。如果你在潜意识里对此感到恐惧，试着承认自己并不完美，就和所有其他人一样。如果你确实犯了错，你还可以想想，天真的塌下来了吗？我还在这儿好好站着呢。

就像在棒球比赛中一样，你只有通过多经历实战，多去争取站到击球手的位置上参加比赛，你才能真正打到球。你要学着放弃完美主义，因为苛求完美会消耗你的精力。只关注对错而看不到中间地带会导致你一味规避风险。谁说你必须在工作上（或卡拉OK、举重、教育子女及任何其他方面）做到最出色？谁说你必须什么都要知道？你给自己预设了太高的标准。如果你不是最好的，那也不意味着你就是最差的。如果你说错了话，那也不代表你就此失败了。你已经做得很好了，也许比你想的还要好。

直面挑战，在重压之下冷静应对是工作的一部分。多去实践，你会将挑战视作一种乐趣。

迅速弥补工作失误

> 事后迅速弥补失误能将其带来的损害降到最低。

凯特琳在城市富人区长大，这里除了她之外没有别的印度人。周围人似乎都生活得比她好。后来，经历了几次大型手术，她的整个高中时期都是在轮椅上度过的。也许正是这些不幸激发了她的雄心壮志和创造力，也同样导致了她缺乏耐心的性格缺陷。凯特琳的老师鼓励她不要安于现状，而是去追求自己的梦想：

我意识到我必须重塑自身，改变自己的命运轨迹。我自学了弹吉他，为校报撰写文章，并且掌握了与他人交流的技巧。我还学会了自嘲。我肯定不是学校里最聪明的人，但我想抓住机会变得不凡！

比如，作为高中数学社团的团长，每个周一早上，我都会像大学田径队队长一样向社团成员朗读公告。大学时，我制作了一部正式影片长度的宝莱坞电影——尽管我并不会唱歌跳舞。我的父母告诉我："不要拒绝任何机会，无论别人让你做什么。"

大学毕业后，凯特琳加入了一家华尔街贸易公司。一开始，她觉得那些大喊大叫的交易员是因为不喜欢她才会如此。但过了一阵子，凯特琳就学会了平静理智地面对他们，因为他们向来如此。随着自信心的增强，她发明了一种新的交易方式，并得到了上司的批准在公司推行开来。但好景不长，凯特琳没过多久就搞砸了一次交易：

我竟然买入而没有卖出！这简直是一场噩梦。我感觉糟透了。我到底在干什么？每个人都会犯错，但我的错误抵消了我先前的优秀表现。我让公司最终损失了一大笔钱。

我的上司很失望。每隔几分钟，他就会问我要实时价格数字，这让我更焦虑了，因为我已经在根据市场变化卖出了。作为补救的卖出交易花了几个小时。我当时觉得自己可能应该准备重新找份工作了。

卖出完成后，上司询问了我最终的损失情况。我说我真的十分抱歉，我本应该更加小心的。我承诺不会再犯类似的错误。他开始平静下来。那天下班时，他对我说："没事，这样的事时有发生。"

我在办公室有几个要好的朋友。那天下班后我们一起去吃饭，我对他们一吐为快。他们告诉我，我犯的错误确实愚蠢，但这样的事总会发生。直到现在，我还会因为回想起当时的愚蠢而感到一阵胃痛。

第二天早上，上司对我说，"你不能再犯这样的错误了，这类错误会让我的业绩单很不好看。"不过这就是整个谈话中他说的语气最重的一句话。我对我犯的错感到很愧疚，但交易工作需要我保持专注。我只能将问题抛到脑后，照常投入工作。

从那以后，我重回正轨，用更好的表现弥补了过去的失误。不过我也养成了一些新习惯，些许失误就会让我立即紧张起来，赶紧核对一遍，用"偏执"来形容也不为过。

最终，凯特琳重返正轨。她注意到别人也会犯愚蠢的错误，但并没有因此被解雇。此外，她还和一位同事通力协作，成功实践了她的新交易方式。猜猜她最后想对我们说的话？"这太棒了！"

启示

来自错误的警报声很容易让人陷入崩溃，尤其是当你正挣扎于认知矛盾时——此时，两种截然相反的认知会在你的脑海中相互碰撞：我是一名好员工和我犯了一个严重的错误。不过，事后迅速弥补失误能将其带来的损害降到最低。先用坚定的态度给出答案，之后会有你独自啜泣的时间的。立即承认错误，真诚地道歉并表示悔恨，然后采取行动进行补救。

你的上司可能需要些时间才能冷静下来客观评估你所犯的错误。而你可能需要更长的时间才能走出犯错的阴影。错误带来的痛楚会长期持续，它能让我们保持警觉和小心，避免再犯同样的错误。

从工作失误中总结经验教训

> 从好处着眼，错误一旦犯下，就成为一个既定事实。事后如何补救才是真正重要的。

出生于一个精英世家，乔治在佛罗里达的童年过得并不轻松。与家人相比，他总觉得自己低人一等。不过，他在成长过程中培养出的坚毅和恢复力在他日后的工作中发挥了重要作用：

我的父母在我11岁时离婚了，这对我影响很大。这不是一个孩子应该经历的，它使我对他人的情绪变得很敏感。我不会去和别人对着干，我更倾向于试着解决冲突。

随着时间的推移，我开始学会运用逻辑行事，这使我变得更加理性。我可以理智地面对错误，我意识到自己是一个善于思考的人。

乔治一直身处“正确的人生轨道”：上名牌大学，做金融分析师，在商学院进修，成为投资公司合伙人——一路一帆风顺。对乔治来说，错误来得很突然：

我们当时在统一一套账目，我花了大量时间确保细节的正确。但数月后当客户签订新的合同时，我意识到自己犯了一个严重的错误，公司因此损失了很多钱。

我当时漏掉了一处地方，部分原因在于经验不足。这是一处我们反复强调不能出错的地方，但我当时没有进行检查。我问一名同事现在该怎么办，他告诉我别去管它，什么也不用做。但我觉得我应该现在就说出真相，而不是就这么拖着。正常情况下，我应该向自己的直属上司报告这件事，但他当时正好出差，因此我给上司的领导打了电话。我觉得自己很可能要被炒鱿鱼了！

上司回来后很不高兴，但他设法解决了问题，并告诉我别再担心。他说其他人也犯过大错，让公司损失了很多钱。我知道我应该相信他，但因为我犯下的错误，公司损失了一大笔钱，而我们团队的领导则替我承担了责任。我真心需要他的原谅。

乔治在焦虑中等待着自己的“大限”。他一直在为那通追究他责任的电话做准备，但这通电话从未打来：

我试着更加勤奋地工作，我拼尽了全力。我还考虑过是否能为自己的错误进行赔偿，这会让我感觉好受些。后来我还准备了一张清单，我在上面写下我学到的教训，我甚至对着妻子进行了念检讨的彩排。我走到哪里都随身带着这张纸，以防领导突然召见我。

我吸取的一个重要的教训是，一旦你需要做对各类杂项进行统一归类的工作，你就需要找到一名负责宏观核查工作的人与你协作。你至少要想办法先在宏观上将各个项目集中归类。你可能会漏掉某些东西，但宏观把握全局的人会发现问题。

年终时，乔治的上司在对乔治的工作评价里没有提到这次错误。该向前看了。

启示

有两类人：一类是犯下错误后勇于承认的人，一类是根本不承认自己犯错的人。乔治无疑是第一种人，而且他极为认真地对待自己所犯的错误。他的价值观使他能够迅速采取行动。他知道拖着不去处理可能会让错误变得一发不可收拾。这样一来，上司可能会在发现后问他："你为什么现在才告诉我？"

从好处着眼，错误一旦犯下，就成为一个既定事实。事后如何补救才是真正重要的：出力弥补错误，降低损害，避免再犯类似的错误。乔治找到了问题的根源并想出了解决办法，还做好了接受问询的准备。他从这个错误中学到了很多，他获得了原谅，而他所犯的错误也很快被遗忘。

最困难之处在于从羞愧、尴尬和悔恨等此类强烈的负面情绪中解脱出来。放下包袱向前看很难，尤其是在没有遭到惩罚，也没人告诉你这件事已经结束了的时候。乔治通过随身携带检讨书得到了一些慰藉。此外，快节奏的工作也有其好处：明天总有更多的工作任务和新问题需要关注。

保持清醒。如果你太过投入于自我反省，那么你犯下的错误可能会持续更长的时间，带来更多的破坏。强烈的负面情绪会让你看不清客观现实。犯错带来的最坏结果莫过于专注错误本身，而错过黑暗中的光明——错误带给你的经验教训。

用真诚态度重建互信关系

> 事实上，除非你一门心思地自暴自弃，通常而言，错误会加速你的成长。

鲍丽娜出生在波兰，8 岁移居到加拿大生活，然后前往美国上大学。谁能够预料到鲍丽娜会拿下分子医学的博士学位，还得到一份人人羡慕的风险投资工作呢？

从波兰移民到加拿大的经历令我终生难忘。一开始上课时我一句英语都听不懂。我太长时间没见到父亲，以至于后来好不容易见到他时竟然称呼他为“父亲先生”。我常在深夜独自哭泣，那时候我只想回到自己的波兰小村庄。过了一段时间，我意识到，如果我能成功适应异乡的新生活，那么这个世界上就没有什么事是我做不到的了。

大学时我决心要拿到满分的绩点。我会在其他人都睡下了之后继续学习，而且我对此感到快乐和从容。我发现如果我愿意的话，我完全可以做到修 4 门专业，上医学院，获得博士学位——任何我想做的事！这听起来有点儿自吹自擂，但我的确感觉我有能力完成所有这一切。

自信的鲍丽娜没有想到的是，过失会成为自己一帆风顺的职业生涯中的一只拦路虎。当时，她正在和一位出色的企业家合作推进一个项目，这位企业家是她所在的风险投资公司的首席执行官的好朋友：

我的上司让我自己去搞定这个项目——弄清科学原理，考察其在医学方面的应用前景，看看是否存在投资机会。为了这个项目，我们一直在忙前忙后。

当时在一次与对方的电话沟通中，我错误地让对方认为我们公司将对其进行高达数千万美元的投资。那位企业家认为这笔投资交易已经大功告成，但实际上并没有。在得知这一切时，他非常生气地对我说：“你知道自己到底在说什么吗？我简直无法跟你沟通！”电话被挂断后，我开始思考，我该怎样弥补自己的错误？以后没人再愿意和我做生意了。这不是我想要的结果。我到底该怎么办?!

那位企业家随后给我们公司的首席执行官打了电话，抱怨说这个项目已经谈了4个月，但投资交易仍未落实。我担心的事还是发生了。首席执行官给我打了电话。我告诉了他整个事情的来龙去脉，然后说：“我觉得我搞砸了。”

当鲍丽娜认为自己的职业生涯将急转直下时，事情开始峰回路转：

首席执行官表示：“我只是想让你知道，你现在没有什么好担心的。”我想，他这话是什么意思？他接着说：“我会搞清楚我们是否需要进行这项投资，并与董事会的成员进行沟通。我们现在只是需要一个答案。”他认为关于这个项目我们不需要再去做什么了，只需要做出最终的决定就可以了。

我对自己感到失望，但我想了想，我在公司工作的三年时间里取得了很好的业绩，这是我第一次犯错。我会从中吸取教训，情况没有那么糟。最坏的结局就是我被炒鱿鱼。我还有一个很棒的家庭，我的生活还将继续。

我的上司知道对我来说这是一次宝贵的学习机会。真正担当某个关键的工作角色这件事是一把双刃剑，因为其中存在着搞砸的风险。但如果不去肩负重任，你就永远无法进入更高的职业层级。

在商讨决定是否进行投资的过程中，公司中的每个人都明白发生了什么。后来，首席执行官将是否进行投资的决定权交给了鲍丽娜。她修复了与那位企业家的人际关系，后来还加入了公司的董事会。她的职业发展继续一路高歌猛进。

启示

自信而坚定的鲍丽娜一心一意地创造自己的人生机遇。犯错是人之常情，但的确令人难受。犯错的人往往都会觉得自己大难临头了，而且常常事实就是如此。当那位企业家发火时，鲍丽娜没有做好应对这一局面的准备。幸运的是，首席执行官将此事当作给予鲍丽娜的一次学习的好机会。虽然这个故事的主角并不是这位首席执行官，但他介入的时机的确十分恰当，让鲍丽娜从此事中受益匪浅。

鲍丽娜的工作失误教会她如何在并非无原则地取悦对方的前提下与严苛的合作方沟通。她明白了坦率直言有助于建立互信，寻求别人的帮助也并不表示自己软弱。事实上，除非你一门心思地自暴自弃，通常而言，错误会加速你的成长。

让下一次成功冲淡错误

> 震惊之余，你的大脑一片空白。你急需思考的氧气。错误已经发生，深呼吸，让自己冷静下来。

伊莎贝拉的成长历程和她的职业生涯一样精彩。小学三年级前，她一直生活在中东。后来她的父亲回到了东南亚的家乡，她与母亲和姐姐则来到了美国。对伊莎贝拉而言，生活就是一场斗争：

我们本来拥有很多，但来到美国后，钱花光了。我的母亲上过大学，但她必须什么活儿都接才能养活一家人。我不理解这一切。我感觉我的人生发生了翻天覆地的变化。但最终，困境使我们一家人变得更加坚强。

生活艰辛，天有不测风云，我必须时刻保持自立。

伊莎贝拉热爱电视行业，尽管她经常要上夜班且工作环境极为严苛。无论工作顺利与否，她都会微笑面对。在谈到她犯的最大错误前，我们先来回顾一下她的非凡成就：

我是节目组里被挑选出来报道一个重要事件的唯一人选。这个机会太难得了！我不知道自己此前做了什么才得到了这个机会，我总是担心自己会搞砸。高层领导说我工作干得不错。其实我对自己以往取得的成绩还算满意，但直到别人认可你之前，你总会多多少少怀疑自己。

总统选举结果公布的那天，我负责节目的开场白，这是总统选举后我们的第一个相关视频节目。这是一次很重要的节目，而且只由我的编辑和我负责。这是我那一整周工作的重心。

大概在前一天晚上的午夜，我们的准备工作就已经完成了。那时我们已筋疲力尽。我的编辑在沙发上小憩。在早间 5 点的节目开始前，我费了好大力气才叫醒他。那天机器也有点儿卡，之后，更大的灾难发生了。由于设备故障，我们的观众只能听见主持人的声音和新总统的讲话，但看不到画面。

这是我第一次也是最后一次遇到这种情况，整个节目只有声音而没有画面。我的上司对我大吼："你为什么不提前让人解决这个问题？"那一刻，大家都变得歇斯底里。我也想冲自己咆哮，但我张不开嘴，我太难受了，我觉得自己可能要被开除了。对当时的我来说，那就是世界末日。一切都结束后，我的上司和同事让我看完牙医后休息一天。

后来，上司向伊莎贝拉询问了情况，并告诉她下一次要做好哪些检查工作以避免类似情况发生。工作人员将节目的母带进行了修复，视频节目得以在"直通西海岸"节目再次放送。这次事件过去了很久之后，伊莎贝拉开始从一个新的角度看待自己的错误：

这次失误是对我在统筹工作上的不足的一次警示。不过归根结底，今天的电视节目已经结束了。你必须继续准备下一个节目，报道下一条新闻。没什么大不了的！坏事就是会突然发生，它能让你时刻保持清醒。

我花了段时间平复心情，不过我每晚仍然有新的报道要在节目中播出。我想，如果这之后的几个新的报道反馈都不错的话，那么我在某一次节目中的糟糕表现应该就能被冲淡了。

启示

当灾难突然发生时，你会怎么做？伊莎贝拉在成长过程中历经的磨难使她对此有所准备。她知道自己要做的第一件事就是深呼吸，冷静下来。有时，你也只能如此。

当你面临紧迫的危机时，你的潜意识会促使你采取行动。你大脑中的情绪中枢无法区分肉体危险与精神危机，它会在你意识到之前就驱使你做出反应。震惊之余，你的大脑一片空白。你急需思考的氧气。错误已经发生，深呼吸，让自己冷静下来。①

如果你想知道接下来该做什么，记得给自己多提供些选项，因为每一次新的成功都会冲淡你此前犯下的那次错误，甚至可能会改变你的职业生涯走向。

最后就是情感上的恢复了。你可能会因为自己犯的错误丢掉工作或损害了健康。很多人在错误早就被其他人遗忘后，还对残留的负面情绪无法释怀。请认真看待这一问题。当你需要继续前进时，悔恨和内疚会

① 丹尼尔 · 戈尔曼在《情商：为什么情商比智商更重要》（*Emotional Intelligence: Why It Can Matter More Than IQ*）一书中，创造了“杏仁核劫持”这一概念。黛安 · 穆绍 · 汉密尔顿，一位专业的冲突调解人和知名作家，对如何在“杏仁核劫持”的情况下做到主动回应而非被动反应提供了一些建议。她的建议包括聚焦于自己的兴趣点以保持专注；忘掉那些在脑海中反复回放的情节；敏锐地感受自己的身体反应；慢慢地、有节奏地呼吸。你可以去看看她这篇短小而有帮助的文章：《在认知冲突时保持头脑冷静》（《哈佛商务评论》，2015 年 12 月 22 日）

拖你的后腿。

在恢复重振之路上，请善待自己。

应对工作失误的行动指南

每个人都会犯错，令人遗憾的工作失误使人痛苦。犯错后是东山再起还是从此一蹶不振，这两类人的最大区别在于：是否拥有强大的恢复能力。错误不会随着时间的流逝而消失或变好，事实上，不承认错误可能导致对自身能力的自我怀疑；刻意掩盖错误更是只能让问题复杂化——想象一下他人最终揭开你所掩盖的错误的那一刻，这将严重损害他人对你的信任，甚至你的人品也会遭到质疑。你必须对自己犯的错误负责。考虑到当前的全球化环境，错误造成的后果很可能会比你想象的严重许多，因此，不要轻视任何一个错误。

工作中充满各式各样的犯错“机会”。我讲的这么多故事足以证明犯错是家常便饭：琳恩在做决定时产生了自我怀疑。比尔夸下了海口，险些无法兑现承诺。珍妮儿由于判断失误说错了话。凯特琳的操作失误搞砸了交易。乔治在工作中的一时疏忽造成了公司的损失。为了让对方保持对自己的良好印象，鲍丽娜逃避了与客户之间的一次必要但艰难的对话。伊莎贝拉也在关键时刻掉了链子。我们在此首先需要感谢这些故事主人公分享了他们的故事。[①]

① 如果你想阅读更多关于工作失误的故事，包括我自己在工作中犯过的一些错误，你可以参考杰西卡 · 巴克沃的作品《我在工作中犯的错误：25 位风云女性回忆如何正确看待犯错》（*Mistakes I Made at Work*）。虽然此书中分享工作失误的均为职场女性，但男人们也可以从中学到东西。当然你可能会怀疑，是否真的会有这么多的“风云男性”愿意分享他们自己的犯错故事。

尽管上述故事中涉及的工作失误多发生在主人公的职业生涯早期或中期，但如果你已工作了更久的时间，你仍然可以从中学到东西。这些故事的要旨并非要你在一开始就避免犯下任何错误，而是要你记住成功来自吸取错误中的教训并重整旗鼓。我们难免会犯各式各样的错误，但我们可以学会事后补救，将危害降至最低。

确认并承认自己的错误

疲劳、时间压力和愤怒的上司都是提示你即将犯错的红色警报。而当你状态不佳时，你会很容易错过这些警报。试着照下面说的去做：

- **评估错误**。回想自己做了什么，确认它是否真的是一个错误（而不是差点儿犯错或无足轻重的小瑕疵），对其造成的损失进行评估。如果你无法量化损失，那么你可以确定一下危害的性质——比如是否会导致客户不满意，或是否会导致产品质量出现问题等。如果你自己觉得错误并不严重，那么在采取后续行动之前，找个同事再次评估一遍，确认是否需要对错误采取补救行动。
- **坦白错误**。对错误进行掩盖以避免遭到惩罚是人之常情。不过，如果你已经因错误而感到持续的焦虑，这就表明你的错误比较严重，你应该就此与同事或上级沟通。不过这并不代表你就要为此开始自我惩罚。
    - **告知你的上级**。职场之事并不总是非黑即白那样绝对。你的上级可能能在一个更高的层面去判断你所犯错误的严重性，并给出最合适的补救建议。如果你的上级此时不在身边，你也可以向比你更有经验的人寻求帮助。

- **道歉。**立即冷静而理智地道歉。[①]这件事做起来比较痛苦，但如果你做到了的话，接下来你就可以聚焦于自己具体能做什么来弥补过错了。一旦你道了歉，补救错误就是你的责任了。

给出你的改善方案

预先设计好改善方案能帮助你避免重蹈覆辙。如果你正处于一场危机之中，那么你可以稍后再关注此部分。不过，一旦错误已得到修正或他人正帮你努力补救，你就有时间调整、改善自己的工作方式了。

- **找到深层原因。**一旦你发现了自己的短板，你就可以尝试通过对工作方法的重塑来消除短板。以下是一些简单的改善方案。
  - **停止轻易许诺。**在做出承诺之前，检查一下自己是否真的能够兑现承诺。
  - **听取他人的判断。**在发布重要消息之前，和其他人先商量一下。
  - **暂停片刻。**在急着去执行之前停下来理智地思考一会儿，做一个合理性检查。
  - **反复、有技巧地检查表格项目。**为了避免在制作电子统计表格时出现错误，你可以加入第三方检查这个步骤。如果你独自负责此

---

① 真诚地道歉并不像听起来那样简单。凯蒂 · 黑妮将其分为四部分：(1) 小心措辞。比如，要说“对……我感到很抱歉”而不要说“我真后悔，如果……”。(2) 诚挚表达对自己的言行感到悔恨。(3) 使用主动语态表明自己的担当，因为被动语态往往只是简单表明事情发生了。(4) 简要地解释你如何保证下不为例，因为很多道歉者屡教不改，这使得他们的道歉已失去了意义。凯蒂在一篇名为“道歉专家教你怎样说对不起”的文章中，还给出了一些更有用的建议。这篇文章还参考了苏珊 · 麦卡锡的另一篇文章《怎样说对不起：进修课程》。麦卡锡欣喜地分享了一种不用说“如果”的道歉方式，其既满足了道歉的要求，又免除了你的责任。青蛙爱好者请留意，为了清楚地证明作者自己的观点，作者在这篇文章中使用了很多幽默的方式，对一只青蛙的死亡表达了歉意。

项工作，那就让自己在完成后休息片刻，然后再从头检查一遍。如果条件允许的话，睡个好觉，第二天早上再检查一遍。

- **让你的警惕性与错误带来的潜在风险保持一致。**错误带来的潜在风险越大，你就越应该小心行事。在行动之前好好想想错误可能带来的影响。不是所有的错误都可以被容忍，有些错误事关重大。但如果某个错误的代价是完全可以忽略的，那就另当别论了。
- **改变行为习惯。**对于错误，如果你的弥补方式仅仅是更加努力地工作，那么不如再好好考虑一下。更努力地工作并不是对症下药。事实上，几乎可以肯定地说，你会再犯下同样的错误！你必须改变以往的某种行为习惯，比如留心看路，而不是一直盯着树以防自己撞到。

即刻就重新起航

从你犯错的那一刻，你的恢复重振之路就已经开始了。这听起来可能有些奇怪，但你在犯错期间和之后的表现比你做了什么导致错误发生更加重要。

- **保持在场，关注进展。**善后工作不一定和你有关。有时，善后事宜由上级负责处理。有时，补救工作则由你和你的团队负责。木已成舟，覆水难收。在任何情况下你都要：
  - **避免惊慌失措。**惊慌失措是自然反应，但无助于危机应对。如果你对自己犯的错误感到手足无措，先试着改变自己的身体状态，再调整自己的心理状态。比如，你可以洗洗脸或喝口水，让自己休息一两分钟，然后再思考对策。
  - **将自己的感受抛到一边，专注于工作。**犯错后，你的本能反应可能是一有机会就道歉。不要这样做。在补救错误的紧张时刻，不要让过多的个人情绪掺杂其中。在承认错误的时候，别人已经认可了你的道歉态度。重复道歉则只会起反作用。

- **保持关注直到错误处理完毕**。除非上司告诉你一切如常，否则不要表现得像是什么都没发生一样。先假定情况紧急，让自己保持紧张，做所有你需要做的事，做好要加班加点工作或处理额外事务的准备。情况可能一时不会好转，但一定要坚持住。无论需要你做什么，你都要立即响应，保持好工作状态。
- **由他人处理善后事宜时，不要让自己成为阻碍**。如果事后的补救工作已经由他人接手，那么请一定避免节外生枝或增加紧张气氛。如果别人已开始对你的错误进行补救，那么你要做的就是重新投入正常工作。

- **向他人寻求帮助**。其他人可以帮助你弥补错误，并从你的错误中吸取教训。你将得到两点好处：他们的建议能让你变得更加坚强，此外，你还为自己争取到了可靠的盟友。
  - **寻求朋友和同事的帮助**。如果你的上级怒气未消，你可以向你的好友知己寻求帮助。朋友和同事在他们自己的工作中也会犯错，这一事实可能会让你感觉好一些。此外，此时与不了解你的人谈论你的错误并不合适。如果你是这个公司的新人，那就求助于你最熟悉的人。
  - **与那些受到错误影响的人保持联系**。你需要和被你的错误波及的客户或消费者进行接触。你可以考虑亲自向他们道歉（但不要反复道歉），并征求他们的意见以改进工作。如果你对是否要和对方接触不够确定，问问你的上司，他会知道这样做是会缓解紧张局面，还是会雪上加霜。
  - **设计好你寻求帮助的谈话**。设定一个积极的目标，确保谈话富有建设性。比如，你可以问问别人他们在犯错后是如何收场的。但切记不要反复对自己的错误表示歉意。

- **将从错误中恢复重振当作工作任务。**好好思考一下自己的未来打算。在身体上、心理上、情感上及精神上做好一切准备，继续前进。
  - **活动身体，舒缓压力。**快步行走或力量训练有很好的治疗效果。你的大脑需要休息，如果你允许它休息一下，它会感谢你的。
  - **给自己一些积极信号。**你需要用3至5个积极想法才能抵消掉1个悲观想法。比如你可以对自己说，你是一个一心想要干好工作的正直、诚实的人（然后再找4个就够了）。
  - **释放一些压力。**做一些能让自己放松的事，比如听听轻音乐，参加冥想活动或接受按摩，和朋友观看体育比赛，或者重读一本自己喜欢的书。
  - **投入工作。**有些职业工作节奏很快，对于这些职业来说，投入于接下来的工作是一件自然而然的事。但如果你的职业不属此类，你也可以有意识地让自己从纠结于错误转向忘我地投入新工作。
  - **持续关注恢复过程。**很多人会觉得自己很快就恢复过来了，但恢复其实是一个漫长的过程。继续你的恢复之旅，直到你在身体上、心理上和情感上都具备足够多的耐力来迈过错误这道坎。
- **自我完善。**获得新的成功能够减轻错误对你的整体表现带来的影响。它还有一个好处，当你从错误中恢复过来，重新站在原来的位置上时，你会发现自己能站在更客观的角度看待问题了。当你专注于结果时，记得：
  - **欣赏你自己。**做好记录，每周回顾一下自己的成绩——比如，你反应迅速的时刻，你凭自己的经验及时提醒了别人的时刻，你学到了什么，吸取了什么教训。仔细回想自己学到了什么，注意自己在哪些方面需要提高和进步。几个月后，你会发现自己的记录比著名的“克里夫笔记法”对你的工作还有帮助。

- **注意自己行为上的改变。**如果你遇到了困境，提醒自己你已经脱胎换骨。运用新的思维方式做好手头的工作，证明自己的进步。
- **用更长远的眼光看问题。**设想一下 3 年后或 20 年后回头看自己犯下的错误的情景。大多数错误会随着时间消逝。有一天，你犯错的经历可能会成为你乐于和仰慕你的初入职场的年轻人分享的故事。

这个世界并不存在抹除你犯错记忆的灵丹妙药。如果你仍在修正自己的行为，我对此表示理解。但记住，当领导评估你的表现时，他们不会盯着你的错误不放，他们会更看重你在犯错后的表现。

如果这还不足以驱使你重整旗鼓，那么考虑一下这个场景：当你还在为错误惩罚自己的时候，其他犯下错误的人已经迎头赶上。你需要确保错误没有阻碍自己的前进，因为这比犯错本身还要糟糕 10 倍。

/ 第四章 /
变被动接受评价为主动提升自我

工作失误的近亲是令人失望的、糟糕的且让人备受打击的工作业绩负面评价。得到负面的工作评价并不罕见，几乎每个人都有类似的经历。如果你早做准备，你也许就能避免这样的评价，但这不是我们本章的关注重点，得到了这样的评价该怎么办才是我们本章的重点所在。

被评价者会经历一系列的负面情绪：怀疑、愤怒、否定、憎恨、悲伤和痛苦。我们会表现得像一个钟摆，摇摆于各种极端想法之间："这个混蛋竟然这么说！""我简直就是个笨蛋！""我讨厌自己的工作！""我什么都做不好！""他们把我当成了替罪羊！""谁会雇用像我这样的失败者？"……

大多数人都希望能得到一个正面的工作评价。他们努力工作，实现了目标，认为事情的进展一帆风顺——结果他们却得到了一个出乎意料的负面评价！收到负面评价后，人们往往充满震惊，无法接受现实，更别说理解和做出改进了。被评价者通常意识不到的是，评价者在给出评价时也身负重压，所以他们给出评价的方式往往相当简单粗暴，比如直接递给你一份评价结果报告或对着你机械地朗读报告，而这又让两者之间的对话变得更加困难。

收到负面评价还有另一种表现形式。

杰夫热情地和我打了招呼。他将自己来自美国中西部的父母描述为崇尚"人间有真情"的老嬉皮士。他的父亲会为了给家人过生日而坐午夜的航班赶回家。但在成长过程中，杰夫一直迫使自己专注于实现一个接一个的目标，不去关注其他。上大三时，杰夫在一次踢球时摔断了腿，在医院躺了三个星期。自那以后，他开始重视人际关系，看到了功利目标之外的其他重要价值。他开始理解父母的心态。

这也就是为什么杰夫是理解处在对立方的人的感受的合适人选。几年前，他曾负责为公司招聘并培训大学毕业生：

一开始共有50位候选人竞争一个分析师职位。我们将名单缩减至10人。和所有候选人进行了面试后，我和我的团队都很喜欢最后一位候选人，而我的上司和上司的上级则认为她不适合这份工作。但她的确充满活力，非常聪明，并且受过良好的教育。于是我聘用了她，但结果并不理想。我此前的业绩很好，这次失误可以说是一记响亮的耳光。我觉得辜负了她，也辜负了自己。

我们在一次总结会议上向她公布了公司对于她的季度评价。很难用语言形容当时的情景，她一下就变得非常情绪化，痛哭流涕。听到他人和你观点相悖并不是件愉快的事。她说她觉得和我接触的时间很少，并且认为我态度严苛，而我之前从未听过她这么说。她还说感觉自己一直无法融入工作团队，这也让我震惊，但这的确是她的真实感受。我希望我能在一开始就让她融入进来，更顺利地开展工作。我看到事情发生，但没有采取行动。

我告诉她，接下来请让我知道她需要什么才能在工作中表现得更好。我试着做到通情达理。我对她的反馈表示了感谢，告诉她我会花时间仔细考虑。这次会议就这样在混乱中结束了，直到下班回家，我仍然感觉心情很差。

那天晚上，杰夫在健身房跑步机上花了两个小时思考。作为一个一直能让别人满意的人，他希望找到一个合适的解决办法。无奈之下，他开始从员工管理学中寻找答案。杰夫意识到，对员工而言，所有的上司都是态度严苛的，他决定要在这方面做得更好。第二天，他和那位新员工又谈了一次：

我告诉她，我在她的工作表现中看不到进步或对事业的渴望，我想知道她在工作中的所思所想。我仔细分析了她的回答，并让她再仔细考虑一下她是否喜欢这份工作。如果她真心喜欢这份工作的话，我们就一起想办法解决问题。

每个故事都有两面性。你不能仅仅采取行动，还要观察具体效果。接下来的两个月，事情有了一些好转。她感到适应了很多，并且能够继续努力工作。但最终，我和她都意识到，这份工作不适合她。她另外找了一份适合自己的工作。我们此后一直保持联系。

抱着强烈的责任感，杰夫在对待新员工时做到了换位思考。他意识到领导给出的是工作业绩评价，而非人品评价。杰夫的故事强调了这一点：无论身处何位，在评价别人的同时，你也一定会被对方评价。

糟糕的评价带来的痛楚不会在一夜之间消散，但它也会给你带来真正的好处：加速你的学习和成长。当痛苦褪去后，你将得到对工作任务的全新理解以及专业技能方面的提升机会等诸多馈赠，就像下面的故事告诉我们的那样：

- **如果负面评价完全出乎意料该怎么办？**威尔的过失暴露了他的短板，而此前他并不知道自己有这方面的缺陷。
- **如果你不想根据评价采取行动怎么办？**艾芙工作业绩出色，但她发现上司对她的评价仍然不佳。
- **如果你认为所得到的评价完全不公平该怎么办？**12 个月里，茱莉亚换了三个上司，而只有第三个上司会负责对她的年度表现进行评价。

- **如何从你得到的灾难性评价中看到积极意义？**在向他人寻求帮助之前，阿蕊亚得到的工作评价使她情绪低落了很久。
- **什么样的评价才是对员工的优秀评价？**有像莎拉这样的主管，她的员工们非常幸运。

大多数人更关注公平，而忽视了近在眼前的金矿。如果你根据得到的负面评价采取了相应的改变行动，那么赢家就是你。你发现了金矿。

向对你进行评定的主管和你的同事寻求帮助，首先让自己从打击中恢复过来，然后致力于在工作上更进一步。当然你也有其他选项。但如果你没有很好地利用你所得到的负面评价，那么你将浪费一次宝贵的机遇。

用真诚与尊重赢得好评

> 除非正处于应对危机的关键时期，否则在任何时刻道歉都不会显得不合时宜。

威尔从小就有经商头脑，从他转手倒卖了父母为他参加夏令营准备的糖果就可见一斑。高中时，他发起了一个网站设计方面的商业项目，还自学成为一名急救医疗技术员。威尔本计划当一名医生，但由于喜欢商业管理，大学毕业后，他加入了一家大型工业公司，并致力于成为一名管理者：

在成为一名急救医疗技术员之前，我从未将自己视作一个领导者。但作为一名急救员，尤其当你是一个三人团队的队长并且要对你的患者负责时，你根本不知道自己需要面对什么样的情况。如果你不自信，别人就会乘虚而入。你需要培养自己换位思考的能力。

我调整了自己的说话方式，试着去理解谈话对象的感受。现在，当对方对谈话的某些部分感觉不舒服时，我能很快察觉到，并会试着进行调整。这项技能对我现在的工作很有帮助。

在工作中换位思考是威尔必须学习的一项技能。这一切都始于在领导力训练营中威尔开的一个“无害”玩笑（至少他当时是这样认为的）：

有一次，训练营里我的一位朋友问我训练营的管理员长什么样子，而我当着所有人的面随口说道：“她可胖了。”这只是一个玩笑。管理员进来以后，我的朋友问她是谁。因为我的玩笑，他根本不知道她就是管理员。管理员对大家的笑声感到不解，气氛一时尴尬起来。

当管理员环顾四周，满脸疑惑时，我开始意识到情况不妙了。她连问了两次大家为什么笑。我当时在想，这件事越来越糟了。为了保护我的朋友，我决定说出事实。我解释了大家笑的原因，而她回应道：“我觉得这没什么好笑的。”后来我才知道，她对自己的体重十分敏感。而很显然，我犯了一个严重的错误。

训练课程继续开展，但这一小插曲并未因此被人遗忘。终期评价中，威尔因为这件事得到了差评。威尔一开始对得到的评价感到很不解，而通过和评估团队的会谈，他学到了很多东西：

我的主修课导师对我的业务表现评价很高，但当管理员对我的终期评价进行审查时，我的打分被降了两个等级。打分被降低的原因是我缺乏“软技能”，具体表现就是我在管理员背后说她胖。这件事我本来已经完全忘记了。我当时的玩笑根本没有恶意。我们住在酒店里，都是刚毕业的大学生，经常互开玩笑。对我们而言，那是一个工作和娱乐紧密结合的社交场所。如果是在救护车里，我绝对不会开玩笑。我不想伤害任何人。

管理员给出的负面评价深深打击了我。我没有在开玩笑的当时道歉，是因为我没有意识到这个玩笑真的伤害了她。我觉得就当时的情况而言，一个道歉也不会起什么作用。我记得后来我们在谈论别的问题的时候，我曾对她承认自己当时失言了，但我不记得是否正式对她说过“对不起”。我对自己伤害了别人感到内疚和尴尬。现在我已经完全接受他们给出差评这件事了。

威尔真心接受了这份负面评价。他对管理员道了歉，努力修复与她的关系。这之后，威尔在工作上不断取得进展，现已晋升为公司创新研发部门的副总裁。

启示

威尔本来很以自己的换位思考能力为傲，因此接收到一份负面评价造成了他的认知矛盾。对于自己缺乏软技能的反馈意见，他感到很难接受。但这令人不快的打击很快变成了他的一笔财富。威尔过去认为，别人能很容易地了解他未曾表达的想法、感受和意图。但后来他意识到，其他人也有自己不曾公开分享的想法、感受和意图。换位思考让威尔学会了透过现象看本质。

威尔吸取的第二个教训是道歉要及时。除非正处于应对危机的关键时期，否则在任何时刻道歉都不会显得不合时宜。越晚道歉，你的错误就越难弥补。威尔以为在事件发生后道歉没有意义，过度纠结于如何让自己表现得更真诚。结果，他的不作为使问题变得更加严重。

最终，威尔通过这次负面评价知道了自己的短板所在，并将其转化为推动工作进步的驱动力。

以是否有助于进步为唯一衡量标准

> 努力进取，但不苛求绝对完美。

艾芙出生在尼日利亚，后来去了纽约和硅谷。她的姐姐从小就是一名优等生，后来致力于外交事业，走了一条传统的职业道路。而艾芙的职业道路则有所不同。她的事业也很成功，她带领自己的团队发布了一款著名的应用软件。她得到了一份极高的工作评价。在工作“1 年 11 个月零 20 天”后，她选择了离职：

帮助公司完成一个重量级应用的开发工作对我来说很重要。这是我们产品团队接到的最大的项目，而且是全体员工会议的热议话题。直到产品发布的前一刻，我一直在努力优化产品，进行功能增减，试图让产品更趋完美。其他人认为产品的瑕疵影响不大，但我总觉得产品并不出彩。当你和不追求完美的人共事时，你会感觉自己一直在妥协。

我得到了比以往更高的评价，我对此感到高兴。但我之后没有因此得到晋升，这让我觉得公司并不重视我。我知道我必须得离开了。对于没有得到晋升一事，公司没有给我任何正式的解释，我听说是因为我缺乏领导者气质。这是什么意思？也许他们认为我的性格太尖锐了。

第一次收到这个评价时，我没有做出什么反应，第二次得到同样的评价时，我开始自我辩护，试图给出自己的解释。之后我就完全沉默了。为什么我没能做到完美？我尝试着回顾自己的做法，并将得到的评价视作自我提升的动力。

艾芙鼓足了劲儿，想在这个项目上大干一番。她不喜欢“糖衣炮弹”——用不疼不痒的赞美包裹货真价实的批评，但主管要求艾芙去适应这种公司文化：

每次进行工作评定时，主管都会一上来先说说我的优点，但我根本不关心这些表面说辞。我想知道自己具体应该做何改进。我会去找那些不喜欢我的人让他们给出评价，因为他们更加诚实。我喜欢有话直说。但在职场中，你是不会因此获得成功的。

我不知道该怎样用委婉的语气沟通。我就像科比·布莱恩特一样——独自进攻，投篮得分，不交朋友。我没有花费足够的时间去了解自己的团队，与每个人建立联系。相反，我直接给了他们未加修饰的、坦诚的反馈。而这种来自你并不了解的人的直白的反馈，通常会让人很难接受。

我本来觉得有必要继续留职一段时间。我做得还不够，我不能明知如此还要离开。不过，没过多久我就发现，强迫自己留下来既委屈了自己，也耽误了公司。他们想要我成为我无法成为的人，而我需要公司去做他们不愿做的事。

艾芙的话长久地萦绕在我耳边，好在结果一切都好：她后来在一家高新技术公司找到了自己的归宿，该公司欢迎说话直接和富有创造力的员工。

启示

有时，你选择对负面评价进行冷处理多半是因为这项评价与公司文化有关。艾芙做出了自己的选择，离开了公司。不过，她很可能也错失了一次质疑自己的信条，帮助自己进一步成长的机会。

对卓越的追求是艾芙团队前进的动力。不过，她给予团队成员的反馈过于直接，而且参照的评价标准是她自己的标准。她说："我习惯将目标定得高些。如果我的目标是够到星星，那我至少能让自己够到月亮。每次我取得一些成就，我就会将标准再次提高。除非达到新的标准，否则我不会满意。”我欣赏她的精神，但我担心她对完美太过苛求。这会使好事变坏，让正面评价失去激励意义。

不知疲倦地专注于追求完美，也意味着你忘记了欣赏他人和自己。努力进取，但不苛求绝对完美。在不放弃追求卓越的同时，不妨也给自己留一些喘息的空间。

试着将是否有助于进步当作衡量成功的手段吧，这样我们就能更好地欣赏他人并取得更大的成就。

团队支持与上级认可同等重要

> 我们无法凭空建立自己的事业，我们需要别人的帮助。

茱莉亚儿时生活在巴西，后来搬到了佛罗里达南部。父亲对旅行的热爱鼓舞了她。作为养育者和家庭与外界沟通的桥梁，母亲的做法也使她深受启发。在父母双方的培育下，茱莉亚形成了自己的性格特点：

我之所以能成为现在的我，是因为周围的人帮助了我。我对任何事物都有着无尽的好奇与热情。知识让人着迷：你学的东西越多，你越能意识到世界之大——还有许多许多尚待探索的地方。母亲说我学习时就像一只喝醉了的蟑螂。

结婚六个月后又离婚，对我而言是一个变革和重生的时刻。当你失败时，你反而会发现自己的优势所在。我对自己的适应能力感到惊讶。你摔了一跤，再站起来时你就会变得更加坚强。

在工作中，茱莉亚对学习的热爱和强大的适应能力遇到了考验。由于金融机构重组，她在一年内换了三个上司，而年终得到的工作评定得分也不高：

我为第三任上司工作快两个月了，我一直没有正式地向他报告工作，我们之间还没有形成确定的上下级关系。年终时，他在一份书面材料中对我的年度表现进行了评价，我的得分是中等——与我的期望完全不符。这打击了我的自信。我找时间与上司讨论了这件事，但其实也没什么好谈的。最后我哭了起来，认定是评价标准存在问题。

后来，我意识到是我做错了。第三任上司对我的工作印象并非基于我全年的工作表现。他建议我努力证明自己，在下一次给出一份更好的工作报告。他拒绝了我更改本次评价的请求。

茱莉亚又和之前的两任上司碰了面，其中一个认为她应该就此向人力资源部门反映情况，另一个则邀请她加入他的新团队。这两个方案似乎都不可行，但无论如何，茱莉亚找回了自己的力量。她重新投入工作，并下定决心：

我相信如果我继续努力的话，我会获得成功的。实际上我一直都觉得自己做得不错。我认识到了在职场中发展人际关系、理清职场斗争形势的重要性。我存在一些明显的弱点，比如我从不为自己辩护，我不会大声说出自己的观点，我没有尽力表现自己让别人注意到我。如果你不关注你自己，不够大胆和主动，那你就什么都得不到。我必须坚强起来，为自己斗争，替自己辩护。

第二天，我照常上班，投入工作，让自己显得非常具有专业素养，虽然我在内心已决定辞职。在一年内换三个上司的体验简直太糟了。不过，我会等到金融危机结束之后再离开，因为类似的经历是在书本上学不到的。此后，我顺利考取了工商管理硕士并换了份新工作。

茱莉亚加入了另一家全球金融服务公司，并在最近被提拔为高级运营副总裁。

启示

茱莉亚也是普通人。对工作评价的不公正感到震惊之余，她的第一反应就是焦虑和困惑。这不无理由：公司团队协作不畅，领导岗位频繁变动，她没有直接上级，给出员工评价的人对具体情况了解有限。不过，只有当不再求全责备，而是从工作评价中学习并成长时，茱莉亚才重新振作起来。

确切地说，是借鉴他人的观点让茱莉亚变得眼界开阔起来。当时局艰难时，你需要靠自己的关系网来支撑自己，此时你就会发现人际关系的重要性。因此，你必须在危机发生之前就致力于培育自己的关系网。茱莉亚说："不要将社交当作从众，也不要把自己当作机器隔绝他人。我们无法凭空建立自己的事业，我们需要别人的帮助。"

茱莉亚还学到了一个道理——有一个好上司是多么重要。机构重组阻碍了人际关系的建立，因为你的上司随时会换人。不过好在还有很多优秀的上司在别处，你也值得拥有一个。因此另一个建议是，在直接换公司之前，不如先试着在公司内部换个新上司看看。

自我鼓励，抓住成长的机会

> 在遭遇挫折的关键时刻怀疑自己、批评自己很容易。也正因如此，自我鼓励，抓住成长的机会才更显难能可贵。

阿蕊亚是一名交际广泛的女性，出生在印度家庭的她现在拥有英国和美国双重国籍。求知欲、强烈的理想主义和对成功的渴望一直激励着她去实现目标：

我开始对经济金融学感兴趣，并将其视作帮助女性群体的一种手段。我和我的姨母讨论了这个问题，她是一名投资银行家。她对我的观点一笑置之，不认为金融是一种有效的社会补偿工具。但我坚持己见，开始弃医从商。

我更愿意将经济学视作实现社会公正的一种工具。大一暑假时，我和两名同学去了一家为女性提供小额信贷服务的阿根廷乡村银行进行调研。我们设计了一份详细的调查问卷，相关问题都是经过反复考虑的，但在实际操作中，这次调研变成了一场彻头彻尾的灾难！

很多当地妇女都没有接受过教育，而我们也不太会说西班牙语。我们低估了当地的贫穷状况。我们对现实情况认识不足，过于天真。最后，我们不得不徒步挨家挨户地去当地妇女家中进行访谈。理论被现实完全撕碎了。你能做的就是让自己尽可能地理解和共鸣。

毕业后，阿蕊亚加入了一家投资公司担任数据分析师。由于感觉挑战性不足，她提出了岗位调整。不到一年，她就调职到了研发部门。经过两个月的艰难学习和适应后，阿蕊亚得到了她的第一次工作表现评定。看到这份评定，她开始怀疑自己当初申请调整岗位的决定是否正确：

我的确想学习这方面的技能。我感到焦虑是因为我一直怕自己不具备这项工作所需要的能力。我的上司很直率。他说："你确实有很多要学的东西，你现在还跟不上节奏。看得出来你压力很大，但这对你没有帮助。"我将这次负面评价视为一次个人的失败。我意识到自己不是什么天才。我悲观地认为自己无法取得进步，我的事业也将停滞不前。

第二天我哭着醒来。我想，我不该留在这里，我没有资格做这份工作！我完全是一个失败者。由于岗位调整是我自己的决定，这又让我更加痛苦。我想，这显然表明我不够优秀。

对我而言，我的感觉就像是我周围的每个人都在说着一种我听不懂的语言。我跟着上司一起去参加会议，回来之后却会发现根本看不懂会议记录记了些什么。我甚至不知道该问什么问题。我本来觉得自己起点很高，完成这种专业上的转换和过渡不会很难。但现在，“变得更好”对我已成为一种奢望！

我在公司中最好的朋友和我在同一个小组。她在组里工作了一年，同时负责对我的培训工作。承认自己需要帮助令我感到尴尬。而我的朋友工作完成得很出色，这更给我带来了过多的压力。

幸运的是，阿蕊亚最终向三个人寻求了帮助。第一个是她的母亲，她的母亲让她认识到了那份负面评价的积极意义。第二个是她的朋友，她的朋友每天都在工作中帮助她取得进步。第三个是她的上司，事实证明，她的上司是一名很棒的教练。随着阿蕊亚成功完成的项目越来越多，她逐渐在这份工作中建立了信心。最终，她成功地获得了晋升。

启示

一次糟糕的工作评价往往会催生出一个独特的学习机会。当事情进展得不顺利时，你就得到了一个机会让自己停下脚步，进行反思。以阿蕊亚的故事为例，她从认为自己是站在顶端的那群人，直线滑落到感觉自己分文不值。她对自身的评价过于极端（“我是最好的！”“我是最差的！”），这就导致她在应对新的工作角色时无法发挥自身的优势。

在遭遇挫折的关键时刻怀疑自己、批评自己很容易。也正因如此，自我鼓励，抓住成长的机会才更显难能可贵。

阿蕊亚的成长并不是偶然发生的。她必须收起自己的骄傲，向他人寻求帮助，并接受现状，而这需要一些时间。一旦转变态度，勇于学习新知和接受他人的反馈，阿蕊亚就开始不断取得进步。她的改变并非一蹴而就。接受真实的自己——既不是天才，也不是失败者——需要时间。

阿蕊亚的成长经历，对致力于推动女性群体事业发展的领导者而言有很大的启发。

用你的评价引导他人成长

> 当人们工作表现不佳时，他们大多都希望得到上级领导的实时反馈，而等待年终的重重一击则是十分残酷的。

我必须诚实地说，莎拉人生坎坷，并不具备获得成功的绝佳条件。但她勇敢地走出了逆境，并在她作为部门主管的工作中有效发挥了同理心的作用：

我在一个酗酒者家庭长大。高三那年，我怀了自己的女儿，只能转校到了一所接纳怀孕青少年的学校。我不得不放弃自己排球队队长的身份。19 岁那年，我搬出了父母家，白天工作挣钱交学费，晚上去大学上课。我和女儿靠政府发放的食品券为生。这段经历让我许多年都缓不过来。

我们都有自己的艰难时刻。我的经历让我对现状心存感激，也塑造了我管理员工的方式。和人打交道很麻烦，局面突然失控之类的事情时有发生，但现在，这一切不再仅仅和我自己相关。作为部门主管，我的行为和决策深刻地影响了我手下 5 名员工和他们家人的生活。我必须清楚地知道自己能做什么去帮助他们。

在评价自己的员工时，莎拉展示了她的同理心和独特的洞察力：

一名员工给自己打了 4 分，而我给他打了 2 分。告诉他这个消息对我来说也很艰难。他看起来非常受挫。于是我用现实中的例子告诉他该怎样做去得到3分或4分。他对我表示了感谢。也许他的性格让他倾向于不去进行反驳或自我辩解。

他很难面对自己不适合现在的工作这个事实，但他还想继续留在公司。他明白自己在掌握新技术方面存在困难。我清楚地向他说明了我设定的标准和期望值。我花了些时间让他明白了团队采取目前这种工作方式的重要性。我没有采取任何独断专行的做法去指挥他改进。

在这次艰难的谈话结束之后，他变得更容易接受我的帮助了。我试着与他建立了信任关系。我问了他什么是他的工作动力，又是什么让他疲于应付。作为一名在运营部门工作了10年的资深员工，他在这个领域已形成了自己的人际关系网，他对于专业技术的了解也很充分。他展现出了诚实正直的品质和积极向上的面貌。

莎拉帮助她的团队成员在工作上提升了一个层次，更好地发挥了自己的优势。但她给出不佳评价的第二段经历就不那么令人愉快了。她迫于压力在没有充分了解对方的前提下聘用了一名员工，但实践证明这名员工并不合适这份工作：

他来自一个组织性很强的机构，习惯于留出充足的时间解决问题。但我在面试时没有提出足够有针对性的问题，我应该弄清他是否对我们的工作方式感兴趣，能否接受这份工作内在的模糊性。我没有注意到这些，我本来应该再等等的。我不可能单方面培养起员工对工作的好奇心和热情。而他丝毫认识不到这份工作不适合他。我知道另一个职位可能更适合他，但他认为自己可以再试试。

我对他在工作上没有取得丝毫进展开始失去耐心。要知道，竞争是多么激烈！继续将他留在团队中，将使团队工作业绩的提高难上加难。我知道他自己也很痛苦，但我心中的另一个声音告诉我，我还要继续完成公司的项目，我不能毁了其他的员工。我的沟通未见成效，他甚至以骚扰的罪名起诉了我。我不得不和上级主管一起搜集他在公司表现不佳的证据以开除他。

在莎拉向上级递交文件开除这名员工的同一天，这名员工主动提出了辞职。

启示

给出负面评价和收到负面评价一样具有挑战性。一开始的准备工作很重要。除了在最初为你的团队成员设定好期望值并阐明评价标准外，还要确保大家理解为什么满足这些标准对团队工作很重要。记住，标准要切合实际。施加过大的压力会损害团队的表现。

定期给出反馈，让员工获悉自己的表现情况。当人们工作表现不佳时，他们大多都希望得到上级领导的实时反馈，而等待年终的重重一击则是十分残酷的。要知道你给出的负面工作评价会影响员工的生计，对员工而言事关重大，因此注意在给出评价时展现出应有的尊重。

正如莎拉学到的那样，你可以用真诚的态度与对方沟通，同时调整自己的管理方式去帮助他人成长："当我开始进行谈话时，我已经想好了我想要的是何种结果。如果我真的希望对方能在接下来好好表现，那么我的沟通方式也会与我的目的趋于一致。"

专家们认为此类谈话十分困难是有原因的。如果你是给出评价的一方，记住评价与你无关——将自己视为工具，用以引导你想要的结果。如果你是被评价的一方，记住当你在之后取得进步时，给出评价的人也出了一份力。

正确看待评价的行动指南

得到负面的工作评价会让人感觉很糟。如果你是独立经营者，负面评价会以顾客投诉或客户流失的形式给出。如果你在一家小公司工作，负面评价会以同事对你的提案的抨击的形式出现。如果你在一家大公司工作，则负面评价意味着领导在年终业绩评定中对你的全盘否定。

重点是：几乎每个人都至少得到过一次负面的工作评价。你不是唯一受困于此的人。现在让我们看看积极的一面。不佳的评价是生活以挫折的形式给予你的难得机遇。用不了 3 年的时间，你就会感谢给予你负面评价的人。让我们仔细分析一下这个转变的过程是如何发生的。

几乎没有人喜欢被人批评。有时负面评价是在公开场合给出的，这就更让人痛苦了。负面评价会刺激被评价者释放出各种不快的情绪，而且负面的业绩评定通常也意味着金钱上的损失，没有人喜欢这些。那么，负面评价的积极一面到底在哪?

——在于你得到了真相。

如果你的态度能从自罪自责、自我辩护转变为从中吸取教训，勇于学习并改变，那么你就能从真相的宝藏中获益良多。威尔在初入职场的第一步就跌倒了，但这次经历给他上了很有意义的一课。艾芙抱着好奇心和开放的态度寻求真相，她选择了不去适应她自己不喜欢的企业文化。茱莉亚得到的评价看起来似乎并不公平，但她从中收获颇丰，意识到搭建关系网的重要性。阿蕊亚没有沉沦于新的工作角色带来的巨大挑战，负面评价帮助她更好地成长。尽管作为主管他们很关心下属，杰夫和莎拉仍然要继续学习如何给出有帮助的评价并承担后续的疏导和指导工作。

无论你是接受评价的一方还是给出评价的一方，你都可以改进自己的做法，以获得更大的收获。

认真对待别人对你的评价

你可能会对别人对你的评定感到不公或认为对方过于严苛，这是作为负面评价的接受者在最初阶段的自然反应。但当最初阶段过去，如果你抱有开放的态度，你会发现这份评价既非有失公允也非过于严苛。你不必对其全盘接受。具体而言，你可以借助主管与你会谈讨论工作评价这个机会找到你最需要在工作中注意的问题。[①]

- **寻找积极信息。**别马上开始自我反省，先从得到的评价中寻找有价值的信息。相信我，任何评价中都至少有一些对你来说有用的事实。你没有那么不可救药，你肯定也不是主管见过的表现最差的员工。你只是还需要继续成长。
- **冷静下来后，重新审视负面评价。**在初次读过或与主管谈论过你得到的评价之后，让自己把注意力先转移到别的事上。参加体育锻炼就能改变你的精神状态。做些能让自己将注意力从感觉不公平、受到侮辱或自我谴责等负面情绪上转移开的事情，直到自己冷静下来。准备好了之后，再重新审视一下你得到的负面评价。如果你仍然感觉很痛苦，那就假装你正在读的是对别人的评价。
- **不再自我责备，让好奇心主导你接下来的行动。**当你对如何改进自

① 我最喜欢的著作之一是道格拉斯 · 斯通、布鲁斯 · 佩顿和希拉 · 汉合著的《高难度谈话》（*Difficult Conversation*），其中涉及各种高难度的谈话，很多都比给予或接受工作评价更加艰难。如果你更倾向于在工作或家庭中回避冲突的话，试试读读这本书吧！

己的工作方法充满好奇时，理解一份负面评价就会变得相对容易一些。问自己“我能从中学到什么”比问自己“我做错了什么”效果更好。在心中假定评价中的每句话说的都是事实，并且考评你的人非常关心你，希望你不断进步。让好奇心引导你下一步向哪里走。

- **客观对待。评价也是对你是否适应公司文化的一个反映。**你可能会觉得如果不能融入其中，你就会彻底失败，但实际上这仅仅是一份工作，你可以决定是否要离开。如果你不喜欢现在的公司文化，你可以做出自己的决定——是尽快适应还是择木而栖。

制订改进计划，和他人保持一致

无论你有多么客观，你都会受限于视角的单一，但这并不代表你要向所有人询问建议！你可以向你敬重的人寻求帮助，看看他们有何建议，但注意不要以寻求他们的同情为目标：

- **和你的主管再进行一次谈话。**即便你得到的是正面评价，而且第一次针对评价的谈话进展得比较顺利，再进行一次深入谈话也是值得的。不用等太长时间，第一次谈话之后的几天就可以；时间拖得越久你就会越焦虑，同时主管的谈话意愿也会迅速下降。第二次谈话能让你提出更深入的问题并找到真正需要学习的东西。
    - **保持联系。**展示出你在乎别人意见的态度。这并不意味着你必须赞同别人的所有观点。维护与他人的联系渠道，让交流保持畅通，你将得到更多的收获。
    - **保持冷静或淡然。**如果你的情绪反应过于激烈，那么你是学不到东西的。休息一下，从头再来。尽量做到讲究逻辑，保持理性，积极思考。
    - **即使感到愤怒，也要表示感谢。**站在你的主管的角度换位思考，理解给出评价的困难程度。原谅糟糕的评价给出方式，欣然接受出于好意的评价。如果你和你的主管进行了良性互动，他就能更好地帮助你。这反过来也有助于你在未来成长为一名更好的领导者。

- **集思广益**。如果你有导师或合伙人，安排一次与他们关于此次评价的会谈。无论他们的意见如何，记得保持开放的态度。一个更有经验的人在读过你得到的评价后，通常能够为你提供一些有价值的建议，指明你下一步的方向。即使他的看法和你有所不同，你也应兼收并蓄，将他们的建议记录下来。有条件的话，凑齐三种不同的观点。这一过程能帮助你更深刻、更全面地理解这份评价，加深对自己的了解，并重新投入工作。
- **对下一步行动下定决心**。制订怎样的工作规划完全取决于你自身。确保与你的主管以及你之前向其寻求过帮助的人互通有无。让工作规划与工作目标以及衡量工作进展情况的标准保持一致。

实施自己的计划

你现在已经知道自己该做什么了：经营人际关系，采用更高效的方法工作，学习新技能并展示出来，就自己是否取得进步征求反馈意见。在这个过程中，你可以采取以下一些辅助手段。

- **寻找同辈导师**。寻求更有经验的同事的帮助，请他辅导你开展接下来的工作。对方为什么要同意帮你？因为这样他就可以与同事建立更牢固的关系，得到你的感激，并且有机会因负担了额外的培训工作而得到领导的赏识。你至少可以通过以下两种方式实现互惠：
    - **定期感谢你的导师**。通过电子邮件或当面道谢对导师表示感激。你的导师值得你的感激，而且这会让你们双方都感觉更好。
    - **让领导知晓**。确保你的上司和上司的上级知道你的导师所做的出色工作。给他人表现机会只会让你看起来更加优秀（这展示了你的自信）。

- **让他人见证你的改变。**让你的上司或团队成员在你掌握了你需要具备的新技能时告诉你。人们习惯于先入为主地贴标签，并且认为人都是一成不变的。为了打破这一定式，你可以主动让他们发现你做出的积极改变。一旦他们开始注意到这些积极的变化，他们对你的看法就会改变。
- **记录在案。**将自己取得进步的点滴记录下来很重要，这可以让你在收到下一次工作评价时有所参照。如果你的公司因种种原因删除了你的主管此前给出的历史评价，那么将自己是怎样不断成长和为实现公司目标而努力的具体过程记录在案就更加重要了。
    - **收集他人的表扬。**保存下来他人对你致谢或表扬你的信息或电子邮件。这些记录能使你在遭遇低谷时振奋起来。
    - **确保他人注意到了你的成就。**当你出色地完成了某项工作时，给上司发送（并自己保存）一份描述具体情况（站在如何维护公司利益的立场上）的电子邮件。
    - **提前准备好述职报告，并进行自我评定。**准备好一份基于实际事例的年度工作表现报告，让你的评估者注意到你取得的每项成绩、你为公司带来的积极影响以及你的工作表现的见证人。注意保证自我评价的客观性。

成为一名优秀的评价者

如果你正准备对下属员工的表现进行评价，请确保让你的评价表现出希望帮助对方取得更好工作表现的意图。记得保持同理心，但也不要让自己陷入太深。为了挽救掉进深坑里的人，如果你为了帮助他也跳了进去，而非扔根绳子让他自己爬出来，那你们两人就都出不来了。因此，我建议采取以下步骤：

- **不做评价地倾听。**对方看问题的角度可能与你有所不同。倾听对方所表达出来的感受。避免使用“好”和“坏”这样的评价性词语。注意不要太快地给出建议。这些建议可留待日后指导对方开展下一步工作时再给。
- **提出切中要害的问题。**仔细地设计问题，让你提出的问题有助于更好地理解对方的所想、所感与所要。这样的问题通常是开放式的。注意不要提出驱使对方开启自我防御的问题。避免问以“为什么”开头的问题。
- **创造空间。**当谈话进行到让对方感觉不适的地方时，双方会很自然地陷入令人尴尬的沉默。此时，不要急于让谈话继续下去，而是借此给对方一个思考和感受的机会。保持耐心，利用这个空当体会对方的感受。
- **尊重每一个人。**无论对方的工作表现如何，坐在你对面的人都值得你尊重。你们可能在很多方面都是相似的。换位思考的话，你也会希望你的主管尊重你的人格。

公司在本质上想要的是员工给出优异的表现。一旦你让自己从对负面工作评价的愤怒情绪中走出来，你就可以开始想想怎么改进了。至少，你了解到了人们不会总是像你看待自身那样看待你。而让别人看到怎样的你是由你自己来决定的。

我知道你想在工作中大展宏图。那么，接下来我们该做怎么做？同样，决定权在你手中。

/ 第五章 /
构建最佳团队协作关系

设想一下，你现在需要带领一个团队完成项目，而团队成员的年龄和你父母差不多。很可能你和他们素未谋面，因为他们都在自己所在的区域办公楼办公，与你相距甚远。他们也不需要向你报告工作，而你则需要对他们合作完成的产品负责。此外，他们每个人都有着自己的目标，而且与你的目标不相一致。此时，你该怎么办？

“管理学基础”课程告诉我们，为了推进项目，尽早取得进展，你应充分考虑目标、计划、成功途径和沟通方式。项目越复杂、越国际化，你在项目规划、进展评估和成果展示等方面做的准备就应该越周全。但实际情况又是如何呢？

你发现工作推进得举步维艰。

迈克尔就有类似的经历。刚刚被升职为一家工业企业财务部门的主管，他比自己管理的员工更年轻且经验不足。他的团队的主要工作就是结算账务，而就他所见，员工们常常需要加班加点才能完成工作。而公司的内部审计工作又要开始了，迈克尔对此感到十分担心：

一开始，我打算把要做的工作都揽到自己身上。我没有寻求别人的帮助。我认为，如果问自己的员工太多问题，那就证明了他们比我更适合坐在我现在的位置上。事实证明这个想法太愚蠢了！你不能光靠在搜索引擎上搜索答案来完成自己的工作。

我当时想，这样下去我会连我的员工具体负责了什么工作都不知道。这和为了应试恶补一夜功课可不一样，我必须采取完全不同的方式与我的员工实现通力合作。在之后的一次员工会议上，我列出了内部审计涉及的工作项目表，询问每个人负责的具体工作。之后我和所有人都碰了头，了解了他们每一个人的核心任务是什么。在之后的一个月里，我每天都会花一整天的时间追踪一名员工，仔细观察他在那一天做了什么工作。这件事听起来很蠢，但它足够有效！

迈克尔和团队成员一起对工作流程进行了改进。过去要干到晚上 9 点半的工作，现在可以提前到下午 4 点半完成，且差错率为零：

没有人检查我的工作，因为我是这家公司财务部门的最高负责人。我觉得自己必须每件事都做到完美，任何一个错误都是不可接受的。

我当时 27 岁。我的员工平均年龄 55 岁，且差不多都有 20 年以上的工作经验。我对此感到担忧，我觉得他们会对公司让我来做部门主管这一决定不服气，或不愿听我调遣。但事实证明并不是这样。一名在我出生前就开始在此工作的老员工后来还对我表示了感谢。不敢相信我曾经为了这么好的团队而担忧了这么久！

迈克尔的故事精辟地阐释了团队协作的重要性。一个能通力协作的团队总是能比个人取得更大的成就。本章的故事主人公们都经历了类似的挑战：

- **人们不喜欢你怎么办？**在一项新任务出现在她的盲区之前，凯西一直走在职业发展的快车道上。
- **你如何应对不可能完成的任务？**作为一个全球性项目的主要负责人，一贯激进的艾米莉的方法不再奏效。
- **如果你与你的团队成员没有共识，如何调动他们的积极性？**在公司取消加班补贴后，凯莉不得不想办法提高员工的生产效率。
- **你如何从不同的意见中凝聚共识？**在数月的合作后，塔提阿娜和合作团队在最后一刻陷入僵局。

- **为什么有人无法合作？**由于父亲病危，格雷格放弃了他梦寐以求的工作，在紧急中接受了一个迫切需要领导者的项目。

一旦你身处管理岗位，你就不能再单枪匹马地行动，这显而易见。同样显而易见的是，你的员工需要感受到你的尊重，他们期待自己的贡献被你看重，需要自己的意见被你倾听。如果你职权有限，却要领导一个员工遍布全球的50人或100人团队，那么这个任务就可以说是几乎不可能完成的。

下面即将分享的故事将帮助你运用好团队的力量。如果你刚刚接到一项艰巨到几乎不可能完成的任务，而你又必须带领你的团队完成它，那么本章就是一堂必修课。

协同共赢好过单打独斗

> 为了更快取得工作进展，有时你必须先放慢节奏。

凯西在一个只有一家公司的小镇长大，镇上的大部分成年人都在这家公司工作。在公司最终倒闭前，她辛勤工作的父母和邻居们都以为自己的生活很稳定。自然而然，长大后的凯西希望进入一家存续时间更长、适应性更强的工业企业，并且想要依靠自己取得成功。她具备很强的竞争力，工作努力，并且已经取得了一些成绩：

我的上司是一个被公认为很难相处的人。他的控制欲很强，做事直接并且很有冲劲儿。不过在一天的工作结束后，他也常常表扬我“真是个好女孩！”过了一段时间，我问他如何评价25岁的我的表现。他说：

“你抗压力强。无论我对你要求多严格，你都能应对自如。我认为你孺子可教，你能在这份工作中学到很多东西。我知道你能接受我分配给你的各种任务，你会变得越来越游刃有余。”

被上司告知自己做得不错这件事对我来说很重要。这与奖励无关，关键在于对我个人的认同。没有别人的肯定，我会怀疑自己是否真的有所成就。我觉得这和我的成长过程有关，那时我总想让父母以我为骄傲。如果我做了让他们失望的事，我会非常难过。

2010 年，凯西的上司支持她参加了“超级明星领导力”训练营。她表现得很好，还在结业时获得了最高奖励。训练营结束后，凯西被调任到一个待遇优渥、职位稳定的部门从事销售工作，她的同事都是有着多年工作经验的资深人士。她开始感到不妙：

我感觉自己就像一条离水之鱼。我完全无法融入新环境！人们对我的态度就好像是在说：“闭上嘴去干你的活儿吧，你的存在让大家感觉很糟。”我的项目主管给我打电话说：“我听说了其他人对你的评价，你和同事相处得好像并不理想。”我告诉她：“我已经很努力了。”她回答说：“这个项目利润很高，对公司很重要。你最好干好这个项目！”

于是我开始找人进行了几次深入谈话。有人告诉我：“你太难接近了，你在同事们眼中是一个威胁，你让他们觉得自己可有可无。他们不喜欢你。你可以继续我行我素，或者你也可以学着培养一下自己的情商，在与他人的相处方式上进行一些调整。”听到他这么说，我简直想哭。我希望大家喜欢我。归属感一直是我努力争取的东西。我最害怕的就是走进一个房间，发现谁也不认识，而我可能会因为害怕躲到桌子底下去。我意识到我的行为招致了他人的敌意。这个事实让我深受打击，我很难接受。我很在意与同事和谐相处，但我一直不得其门而入。我倾向于关注结果，而非分析结果形成的过程和原因。

此前的高强度工作和领导力训练营的竞争环境使我形成了过于好胜的性格。我决定试着让自己放慢节奏。我和同事进行了更多面对面的互动，而不再仅仅通过电子邮件交流工作事务。我开始向同事们请教具体的问题，并更多地倾听别人的意见。我试着更多地行动起来帮助别人，对同事的工作给予更多的支持，而不是像以前一样在他们没能按时交接工作时就反复催促。有时我必须硬着头皮去和同事喝咖啡，进行当面的沟通，而不是按照以往的习惯直接发送语音信息了事。

我告诉同事们我认识到了以前的不足，正在努力改进。我想让自己更加真诚坦率，和大家打成一片。后来，过去曾经取笑过我的一名同事成了我的有力支持者。他很欣赏我承认了自己的错误。

试着放慢节奏之后，凯西一开始没有感觉到什么变化，但变化的确发生了。她的工作表现显著提升，并且再一次得到了升职。

启示

勤奋敬业、坚韧低调使凯西在工作上一直顺风顺水。当自己的职场法则突然失效时，她陷入了茫然。在新的环境中，她只有通过建立良好的人际关系才能取得成功。并非所有人都赞同她对成功和工作动力的定义。凯西必须耐心倾听并做出改变。

凯西过去相信，完成最多工作的人就是赢家。她搞错了。构建人际关系和促成团队协作与完成任务同样重要。只有直面并克服自己的交际恐惧，她才能成功构建与同事之间的协作关系——这项工作非常艰巨但又十分必要。

为了更快取得工作进展，有时你必须先放慢节奏。

赢得关键人物的支持

> 找到一个新颖的解决思路只是完成一个几乎不可能完成的任务的第一步。

艾米莉在 2008 年经济危机期间找到了一份工作，她觉得自己是幸运的。如今仍在同一家汽车公司工作的她事业成功。她成功的关键在于能够巧妙规避工作中的重重障碍：

高中时，我的朋友偷了我的课程报名表，替我报了一堂难度级别更高的数学课。同一时间，我的男朋友则对我说我上不了难度级别更高的科学课。我抓狂不已，索性两堂课都上了。后来我开始享受课程学习，并意识到这些知识是有用的。

在某种程度上，我在技术领域的职业发展也是受到了别人说我办不到这样的刺激。

几年前，艾米莉被委任领导一个全球性的前沿电子技术创新研发项目，且该项目的最终成果必须符合最新的工业标准。这是艾米莉所遇到的最大挑战：

出于一些原因，我的价值观没有得到团队成员的认同。我找到了能满足消费者需求的正确的解决方案。我们的汽车电瓶需要花 24 个小时才能充好电，而给普通汽车加油仅需 5 分钟。我花了很多时间试图将充电时间降至 2 至 3 个小时，而我的最终目标是 20 分钟。我尽力推动落实自己的想法，并得到了汽车团队其他部门的支持。我的上级主管兼导师帮助我找到了各方面的支持，但后来他离职了。

我认为我为团队的攻关方向给出了明确的指示。我充分意识到保持竞争力是必要的。但我的新主管不够有魄力，他对于我的做法不太满意，因为我的决策让大家压力太大。但是，我们几乎有两年没有进行过真正的技术革新，而竞争对手已经推出了新技术。

根据管理层的指示，汽车研发的时间被缩短了，而我无法在新规定的时间期限内实现新技术的量产。我的新充电技术的应用被推迟了，但汽车部门的其他团队比过去更加需要它。

艾米莉已经赢得了3个关键人物的支持，而她必须得到6个人的支持才能继续她的研发项目。情况陷入了僵局：

我的主管的上级表示："肯定不行。"但我不想轻易放弃，我决定耐心等待机会。我当时为完成设计图在欧洲出差。休息日时，我碰巧和一位朋友去参加了一个圣诞派对。我们一家合作生产商的工程设计部门的领导也参加了这个派对。我们被互相介绍认识了，在听我简略描述了我正在做的项目后，他立即表示我一定是我们公司里的关键人物。我太惊讶了！意识到有人和我一样认识到这个项目的重要性更加坚定了我的信心。此前我的美国团队对我关注的技术并不真正感到兴奋。

自那之后，我逐步取得了公司所有工程设计团队的支持。他们根本无法接受此前必须等待24小时才能为测试汽车充好电这件事。我看到了项目的转机。

艾米莉得到了授权，开始和战略部门合作制定新标准，联系分布全球的供应商，与市场部门合作摸索消费者对新技术的接受程度，并联系了亚洲的汽车生产厂商。她在地区一体化团队和核心技术团队中同时发挥了自己的领导作用。为了克服困难，艾米莉整天都忙得不可开交：

我必须让自己从一个野心家转变成团队联络人。我向所有合作团队分享了我的方案，对他们进行了详细的解释。在三年的时间里，我每周都会就方案的更新进行一次分享。如果你认为你已经说过30遍，已经足够了，那你就错了。如果你不能把你的技术方案给你的奶奶讲明白，那就说明你解释得还不够清楚，你还可以做得更好。

此外，我还要确保在他人已经做好准备接受计划继续向下推进的正确节点分享我的方案更新和下一步计划。你不能太过超前，在别人才做到第一步时就开始说第五步要做什么。我要考虑到每个团队成员关注的事项。我必须换位思考，用对方使用的语言进行表述。每个合作方都很关键，我不能让个人情绪成为阻碍。

不过，成就感能弥补一切。每当一辆安装了我们新研发出来的软件的测试汽车给出了更好的表现时，我都会感到十足的欣慰。

更有意义的是，艾米莉和她的支持者为后来的先锋开拓者开辟出了一条光明的通路。

启示

找到一个新颖的解决思路只是完成一个几乎不可能完成的任务的第一步。将宏伟蓝图落到实处才是全部意义所在，但要实现它是极为困难的。为了实现目标，艾米莉需要争取到四面八方的支持。

很多人认为，你必须有足够的说服力才能实现良好的沟通。这一观点部分正确。艾米莉数十次甚至数百次展示了自己的方案，但仅仅通过方案展示是无法取得成功的，她还必须学会认真倾听。通过倾听团队成员与合作方的问题和关注点，她明确了自己需要解决哪些问题才能往下推进整个项目。这种真诚的态度感染了他人，有利于团队凝聚力量。

这个故事可能有悖于你的经验。大多数人可能都是凭借自己的三寸不烂之舌开展工作的，但谁会知道，有时倾听远比侃侃而谈更有效呢？

用同理心与正能量凝聚人心

> 为了认清团队真正所需，你需要具备深度倾听的技巧，其关键在于理解对方在潜台词中表达出来的感受。

凯莉在与人建立互信关系方面拥有优势：她的开放态度能让她及时做出调整。她从小在一个对孩子漠不关心的家庭长大，直到被她后来的丈夫介绍给了他成员联系十分密切的大家庭，她才逐渐培养起了自己这方面的品质。现在她是四个孩子的母亲。对自我调整持开放态度确保了她在管理事业上的成功。刚进入这家汽车车体生产制造公司时，凯莉只有25岁：

我对这个环境完全不熟悉，可以说所有事都是一团糟。当时工厂有60个汽车工人联合会（UAW）的员工，团队中资历最浅的员工也有30年的工龄。2008年后，工厂取消了加班补贴。员工们以前就靠这笔钱补贴家用。我不知道大家能否接受这一现实，以及如果大家不能接受，那么这会对我的工作产生何种影响。

我们的工作任务也很重：1小时加工完成80件零件。一开始，员工们试图用消极怠工的态度要回加班费。这种广泛的不满情绪和怠工行为阻碍了整个团队的工作进展。我必须找到激励他们的方法。

凯莉打出了情感牌——用正能量对抗负能量，通过找到大家的共同点赢得人心：

我想，他们不可能一直讨厌我！他们会喜欢我的！我将他们想象成我的祖父母、父母、朋友和邻居。这样一来，我就能更好地理解和关心他们了。我给他们讲了我孩子的事，给他们看了孩子的照片。当我开始把他们当作亲人和朋友时，看到他们痛苦的样子就会使我感到很难过。

我尽可能地让他们知道我是真的关心他们，希望改善他们的工作体验，这样他们也会在乎我的感受。

我让自己保持友好的态度，慢慢地，他们也变得友好起来。尽管有时他们仍然会表现出刻薄或轻视的态度，我还是会每天都友善地对待他们。我有一个哥哥，他也在工作上遭遇了不公，他的经历让我得以更好地理解工厂员工的遭遇。

我试着在工作中寻找有没有什么其他的东西能激励他们。我看到他们喜欢聚在一块儿工作并且聊得火热，便走过去听听他们都在聊些什么。有时其中一个人会告诉我他们正在聊什么，可能是他们的孩子在体育比赛里得了多少分。我发现他们喜欢给每一天找点儿乐子，而不是好几个小时重复做同一件事。于是我和他们商量，进行适当的岗位轮换。我还在他们之中组织了焦点小组，专门探讨如何提高工作效率和改善工作环境。我意识到他们喜欢被别人重视。

没有人喜欢成为工作效率最低的人，因此他们此前都按照同一个节奏工作，保证所有人进度一致。对此，我决定在墙上张榜公布每天三个轮班团队各自的工作完成时间——于是他们开始你追我赶了。有些人想要争夺第一名，他们会比别人干得更快，而大多数人都不希望自己是最慢的，因此所有人的速度都提高了。没过多久，他们就能做到每小时比以前多加工完成10件零件了。他们喜欢这种竞争。

有些工作站工作进展较慢，比如车门分装线工作站。我为此努力了数月还是不得要领。我针对这个工作站设定的目标是让一小时内加工完成的零件数量尽可能接近80个，逐步缩小差距，因为我认为这个标准对该工作站目前的状态来说确实过高，几乎不可能达到。虽然我告诉工作站中的每个员工我们最终能够做到，但其实连我自己也不相信这一点。结果，在车门分装线工作站第一次达到生产标准的那天，我感觉棒极了。

作为一个团队，我们一起吃蛋糕进行了庆祝。我真的很惊讶他们能做到。而自那以后，员工们继续保持着工作动力，效率只增不减。加班费问题已不再是员工们关注的重点，我们迈过了那道坎，得以继续前进。

六年后，凯莉加入了另一家汽车公司。在新的工作岗位上，她已经做好了迎接一段新旅程的准备。

启示

在时断时续的电话通话中，我能感觉到凯莉的激动。一开始，凯莉似乎和她的员工没有任何共同点，可一旦她开始用新的态度对待他们，共同点就显现了出来。为了认清团队真正所需，你需要具备深度倾听的技巧，其关键在于理解对方在潜台词中表达出来的感受。你需要开放的态度、换位思考的能力和敏锐的观察力。

我追问凯莉是如何看待想要被别人喜欢这件事的。凯莉认同这件事很重要，但她也认为应该公私分明，不能让个人情感影响她的管理工作。她赏罚分明，在致力于激励员工的同时，也曾因为几名员工严重违反规定而果断选择了解雇他们。很明显，有时你不是非得和对方做朋友才能理解对方没有表露出来的情绪。

换位思考的能力和同理心让凯莉成为一名优秀的管理者，使她能够兼顾公司和员工的利益，实现双方的共赢。

沉默的价值在于倾听

> 这种领导方法的关键不在于广聚拥趸去赢得争论，而在于关注、理解他人的想法。

塔提阿娜自出生起就没见过她拥有古巴和多米尼加血统的身为卡车司机的父亲。她与母亲和哥哥在佛罗里达长大，她从儿时起就目标远大：

甚至在我懂事以前，母亲移民到美国的经历就深深影响了我，这个决定改变了我们的生活。

小学三年级时，我的老师很优秀，但也对学生要求很严厉。有一次我告诉她，我对上课感到厌烦，而她说："厌烦是一种精神状态。如果你感到厌烦，那说明你本身就是令人厌烦的！"这句批评让我大哭不已。但从那以后，我开始试着让自己保持投入的状态，总去尝试新鲜事物。我开始用笔记下自己学到的东西和对周围世界的感受。

我是家里第一个上大学的人。我还赢得了进修研究生的全额奖学金，我认为这是对我此前在学业上所取得成就的认可。我的研究生主修方向是新闻学，而学校中的专业培训项目是我参与过的最棒的项目，即便我在毕业后没有成为一名记者，我的想法还是没变。

在新闻学方向接受的培训，帮助塔提阿娜在一家生活消费品公司获得了一个参加领导者培养项目的名额。有挑战性吗？当然：

从小到大我一直很内向，不喜欢被人关注。我一直在努力建立自信。在这个项目中，和我在同一个小组的成员都有可能成为公司未来的领导者。我必须让自己走出舒适区，融入集体，而不能再继续怀疑自己了。我感到兴奋和害怕。我总是会问自己，我该在这里吗？很多比我聪明的人可能更应该得到这样的机会，为什么是我？我认为自己尚未克服心魔。这件事只有我自己知道。

几个月以来，塔提阿娜和其他小组成员一直在一起攻关一个商业项目。向高级管理层递交最终方案的期限临近，但他们还没准备好：

项目的复杂程度超过我的想象。我们团队的七名成员分别来自印度、澳大利亚、中国、哥伦比亚等不同的国家——每个人都有不同的成长背景。你会发现自己不可能在所有方面都是最擅长的。这就是关键所在。你必须搞清如何为这个项目做出只有你能做出的贡献。

有一次已经到晚上 11 点了，我们还在会议室讨论，各种想法相互交织。我不明白为什么之前讨论过的观点又冒了出来，为什么大家无法达成共识。

场面逐渐失控。大家开始争吵起来，小组成员们对此前得出的结论失去了信心。每个人都在反复表述、强调自己的观点，塔提阿娜一直在听其他人说。她等待着大家停下来的那一刻。30 分钟后，会议室安静了下来，塔提阿娜开始发表她的看法：

我们无法达成共识，事情进展得并不顺利。对这种事我是有经验的，所以我决定引导团队找到解决方案。当人们在解决某个问题的过程中无法取得进展或遇到困难时，他们最想要的不过是别人倾听自己的意见。如果你真的理解了他们的想法，吸收了其中的合理成分，并给出针对性的回应，告诉他们你的方案以及你为什么选择这种方案，那么你就建立了合作的基础。如果你贸然拒绝别人的意见，那么你很可能会制造更多的敌对情绪。

我明白清楚说出自己的意见需要面对什么，尤其是当你感到自己的想法不受重视的时候。在这种情况下，表达自己的观点真的不容易。你可能会担心别人把你当成傻子——不，你当然不是！当你站在全局视角思考怎样为这个项目做出贡献时，你就能找到自己出谋献策的方式。这时你就有勇气说出自己的看法了。

你不必为了表达自己的观点让自己成为这个屋子里说话声音最大的人。你也可以等到其他人都说完了再说，这个时候他们就能听到你的声音了。

在塔提阿娜的帮助下，项目小组集智攻关，按时拿出了方案。而高级管理层对他们的成果感到非常满意。

启示

塔提阿娜掌握了一种常常被人们忽视的领导方法。这种领导方法的关键不在于广聚拥趸去赢得争论，而在于关注、理解他人的想法。用客观的态度听取对立双方的意见，设身处地地进行反馈。有时这些事只有你能做到，因为其他人都正忙于表述自己的看法。

除了积极倾听之外，你还可以充分发挥沉默时刻的作用。为了打破尴尬的氛围，大多数人宁愿随便说些什么。但你可以让沉默再保持一会儿，给此前忙于发表意见的成员思考他人建议的时间，给不曾发表意见的成员一个说话的机会。

那天晚上，塔提阿娜发现每个人都非常焦虑。而凝聚共识的唯一方法就是观察和倾听，并给出真诚的反馈。实施这个高度冒险性的战略需要胆识。好在，它奏效了。

机遇与挑战并存，事情通常就是这样。

吸引志同道合的伙伴加入

> 直接安排对方的工作，长篇大论一些既定的事实无助于激发他人的合作意向，即便你有高超的游说技巧也无济于事。

格雷格终于成为一名体育杂志记者，这是他一直以来的梦想。不过这场梦没多久就醒了。由于父亲心脏衰竭，格雷格不得不辞职去照料他的父亲。留给父亲接受心脏移植的时间不多了：

我陪父亲一起住进了医院。他非常虚弱。而我想努力做一个好儿子。我向所有医生了解了器官捐献的情况。起初，我完全听不懂他们给出的答案。后来，我得知医院领导的儿子曾经接受过肾移植手术，于是我带着我的问题和此前医生们给我的答案和他进行了详谈。我们成了朋友。

我很容易和人交朋友，这可能归功于我长着一张娃娃脸——我看起来就像16岁！他们都把我当作孩子，对我没有戒心，所以我听到了很多真话。和医学界接触得越多，我就越发现这就是一个“老男孩”俱乐部：以维持现状为行事出发点，从不进行自我完善。

我记得在医院时，有一次我花了一整夜阅读马尔科姆·格拉德威尔的《临界点》一书。其中一个故事，讲述了一位女性花了一年时间在教堂号召人们关注乳腺癌却一无所获，于是只能放弃这项事业，转而成为一名发型设计师培训教师，结果接受她培训的人受到她的影响，反而自发地决定去进行乳腺癌筛查。我将这个故事通过电子邮件分享给多位医学界的领导者，但没人给我回复。

整个过程中，唯一让我感到安心的就是为父亲进行心脏移植手术的外科医生是一位非常合适的人选。不过，手术之前的所有治疗都是不能用医保报销的，因此我必须到处寻找帮助筹集医药费。我和我的创业机构合伙人碰了面，还邀请了1968年“器官捐献规定”的撰写人担任我们公司的顾问，他的妻子正是此前那个故事中为乳腺癌预防做宣传的那位女性！当我见到她时，我震惊得说不出话。

很多人都觉得自己的人生是被动的，但实际上每个人都在塑造自己的人生。我最喜欢的一句格言是：“你不是棋子，你就是下棋的人。”

有时候，奇迹就是会发生。幸运女神光顾了格雷格的父亲。在那一天，格雷格赶去医院，最后一次商量器官捐献的事。他的手机响了，他被告知一名年仅26岁的签署了心脏捐献协议的匹配者刚刚离世。

基于这段经历，格雷格创立了机构“Organize”，致力于优化器官捐献机制。但他如何找到正确的合作人选，促使他们和他一起行动呢？

如果你只会鼓吹以往的成绩，那你是得不到他人的关注的。如果你想要他人为你的事业投入精力，你可以吸引他们参与进来尝试解决你所关注的问题。我发现多数人关注的是如何解决真正的现实难题，而非讨论现成的解决方案。

每一段重要的合作关系都是这样开始的。过不了多久，你需要的那个人就会回来找你说：“你是对的，我一直在思考这个该死的问题，它简直要把我逼疯了！让我们一起干吧。”

通过吸引别人尝试解决你所关注的问题来招贤纳士，这一做法让格雷格邀请到了艾尔·罗斯担任机构的顾问。罗斯是诺贝尔奖获得者，曾花费数十年的时间研究非货币市场的市场机制设计，包括肾捐献产业链的运作。对格雷格来说，没有比他再好的合作伙伴了！

启示

直接安排对方的工作，长篇大论一些既定的事实无助于激发他人的合作意向，即便你有高超的游说技巧也无济于事。相反，吸引他们参与进来，尝试解决你所关注的问题会产生更好的效果。格雷格最喜欢的法国作家安托万·德·圣–埃克苏佩里有一句话是这样说的：“如果你想造一艘船，不要号召人们去搜集木头，也不要给他们安排任务或工作，你要做的是教会他们去憧憬无边无际的大海。”①

① 出自安托万·德·圣–埃克苏佩里的《小王子》。

任务越复杂，时间越紧迫，需要开展的协调工作越多，你就越是想让事情置于你的掌控之下——尤其是当任务关乎生命安危之际。很自然，你会因此而急于求成。但欲速则不达，你越是急于掌控运作流程，其他参与者就越是抗拒。不要将命令和激励搞混。你也不希望自己成为一个颐指气使、遭人怨恨的管理者吧？放松控制很不容易，但凝聚人心更加重要。顺便一说，这也对你的健康有利。

格雷格后来在他的机构中设定了一个新的惯例，以促使自己放松控制。每周一次，他会让团队里的每个人用“如果……那该多好”这样的句子开展一次轻松的讨论，借此舒缓心情，凝聚人心。

别忘了，“如果……那该多好”还鼓励了大家勇于做梦。我们都知道，梦想与激情常常在日常的忙碌中被消磨殆尽。

团队协作行动指南

谁不想在团队或整个公司中干出一番成就？谁都想，但这意味着你要依靠与他人的协作来达成目标。即便是个体工作者最终也需要依靠他人来取得成功。跨国公司的规模越来越大，越来越强调追逐利润，其运营系统也越来越复杂。各类工程项目涉及的部门越来越多，身在其中的你随时随地都需要和人打交道。

但倘若团队成员、合作部门之间无法达成共识，你该怎么办？

本章中的每个故事主人公都需要找到这个问题的答案。迈克尔克服了心理障碍，赢得了团队的支持。凯西勇敢面对并克服了自己的社交恐惧。艾米莉不再过分关注于自己以往的成绩，而是转向倾听对方。凯莉设身处地为工厂员工着想。塔提阿娜通过细致入微的观察化解了冲突。

格雷格用自己关注的难题吸引未来的团队成员加入进来。每个故事主人公都学到了同样的道理：没有他人的协作，你一个人的影响力终究是有限的。

凝聚共识需要建立或重建信任。大多数人认为这和个人的可靠性有关。这个观点部分正确。首先，你必须言出必行。如果你错过了最后期限或将计划执行得很糟糕，你就辜负了别人对你的信任。但要凝聚共识，做到这些还远远不够。你还要保持开放的心态，乐于接纳各种意见和反馈，确保自己言行一致、一视同仁，如此你就能赢得更多的信任。下面是具体做法。

找准你需要接触的人

为了取得自己事业上的成功而去寻求别人的帮助会让你很难开口，以某个具体任务或问题为由寻求帮助则相对容易。因此，你首先要做的是明确自己当前的任务和谁能协助你完成它。

- **列出可能影响任务成功与否的所有人。**找出潜在的助力者和拦路虎。记住，公司内外的所有相关人士都要过一遍。
- **确定关键人物。**真正能对你的任务发挥重要作用的人一般不到 10 个。他们是谁？如果你还不知道，那就四处问问。你可能想当然地认为某些人的作用至关重要，但在行动之前还是要先搞清自己公司的人际关系情况。最有影响力和最受尊重的那个人通常也是人脉最广的人——但不一定是职务最高的。即使你还不认识他们，也要把他们列入你的关键人物名单。
- **制定应对拦路虎的策略。**可能会拖你后腿的人最让人头疼。如果你能解决他们关心的问题，他们可能就会转而支持你或至少不再给你设置障碍。但事情不一定总能一帆风顺，因为复杂的办公室政治可能会把水搅浑。如果这样的情况发生了，找找公司里能帮助你的其他人。

从命令转为激励

在履行管理者的角色时，你会进行项目规划，列出检查清单，评定业绩和成果，并对员工发号施令。但你更应做的是通过提问、倾听、鼓励、支持和启发来激励员工，提高他们的参与感，如此你就能真正和他们打成一片。这是一种从“我没时间和他们交流”到“凝聚共识是我的当务之急”的思维方式的转变。为了凝聚人心，你必须找到沟通的最佳桥梁。

- **换位思考。**花时间去弄清，对你的团队成员而言什么是最重要的。当你认真对待他们的问题时，你所做的将比再开一次会讨论工作进展要有意义得多。因为你用行动表示了自己对他们的尊重和关心。
- **主动唤起他人对你的信任。**你必须采取主动。一旦别人开始与你建立信任关系，那就意味着他已经准备好与你达成协作，支持你的工作了。你可以依次采取以下四个步骤为此做好准备。
    - **让自己值得信赖。**可靠性可以具体解释为守时、工作保质保量以及信守承诺。言出必行，不要轻易许诺！
    - **持开放态度。**和别人分享你的想法和感受，让对方了解你做出某项决策的来龙去脉。如果你不够坦率，对方就会觉得你隐瞒了部分真实情况。告诉对方你无法说出全部情况也要好过刻意隐瞒。人们通常都能看穿别人的伪装。因此，试着让自己做到礼貌而坦率。
    - **接纳多方意见。**如果别人不同意你的观点，先假定他们有充分的理由这么做。如果你们之间存在分歧，那么请你尊重相异的观点。如果你在讨论时表面上表示同意，又在背后表达不满，那么对方迟早会知道的。不如试着直接和他们讨论你们的分歧点在哪里。通常来说，你能够在讨论的过程中找到他们的关注点并处理好他们担心的问题，这样接下来你们就可以开始合作了。

- **言行一致**。如果你言行不一，人们会很快看出端倪。当情况有变时，他们希望亲耳听你说你会怎么做。设想一下，如果某人说一套做一套（即便他的目的是取悦你），你会作何感受。让你的所说、所行和所信保持一致。

让别人获得回报

记住，与别人建立合作关系可不是指在会议上说些漂亮话。引领团队的方式十分关键。你需要带着明确的目标、积极的心态、信任和正能量来激励你的团队成员：

- **建立你的团队**。根据任务和成员的特点建立团队。对员工的工作方式保持好奇心。（他们为什么选择了这份工作？为什么相信自己在其中能取得成功？）欣赏他们的优点。别急着开老一套的动员大会，把工作规划、时间表、任务分配和进度核查标准一股脑地倒给员工。尝试在完成团队建设之后再制订工作计划，更好的办法是让团队成员参与计划制订工作。在开始阶段多花点儿时间建立一个高效的团队不会让你后悔的。①
- **培养对团队成员的兴趣**。如果你对自己要带领团队完成的任务感到

① 不确定什么样的团队才是一个真正的高效团队，或者不知道该如何建立这样的团队？我的前同事斯科特 · 科勒和玛丽 · 米妮都是出色的咨询师，在其合著著作中，他们对上述问题进行了详细解答。该书能够帮助你建立一个高效的团队，并培育出相应的企业文化。聚集最优秀的人才不能保证团队表现出色，秘密在于团队如何运营。这本书就是《领导组织：10 个永恒的真理》（*Leading Organizations*）。

非常担忧，那么无法让自己的注意焦点从工作清单上转移到别处是很正常的。为了缓解焦虑，你可以先去看看你需要和谁合作完成任务。

- **对他人的想法和感受保持关注。**不要只顾着发表自己的观点，自说自话无助于你向他人学习。在一对一讨论和小组讨论中，留出时间倾听。保持互动，让别人知道你认真倾听了他们的意见。认真记笔记，并进行客观地归纳总结。（小提示：如果你记下了他人的原话，他们会因为感觉自己的贡献得到了承认而非常高兴的。）
- **提出明确的问题。**如果他人充分了解什么是你真正想要的，他们会更愿意提供帮助。既然你不想总是做无用功，那就先明确自己的问题。将问题表述清楚，注意使用积极的措辞，回答别人提出的关于背后原因和落实方法的问题，然后认真倾听别人的想法。他们有哪些想法和感受是没有用语言表达出来的？按照你的理解复述对方的意见，向对方确认你所说的是否符合对方的真实意图。
- **不要虚情假意！**为了获取赞同、获得准许或者求得帮助，用花言巧语迎合他人是常用举措。但要注意，这很可能会让你在被人发现言行不一时栽跟头。记住，人们会互相交流，抄送电子邮件。团队内部根本没有秘密可言。
- **向前看，但也要顾及后来者。**那些在最开始没有下定决心支持你的人也可能会在之后决定加入你的团队。因此，在团队项目取得阶段性进展时再次和他们接触是一个不错的主意。再次向他们寻求帮助，提出邀请。大部分人都希望在一个进展顺利的项目中分得一个自己的位置。

- **通过关心、倾听和提供帮助推动合作。**作为管理者，有一件事是毋庸置疑的，那就是你需要指导别人进行工作，但注意一定不要每时每刻都在指挥。那么，该如何赢得可能有其他优先事项和任务目标的团队成员的支持呢？
    - **帮助别人。**别人帮助你也许仅仅是出于慷慨，但你总能为他们做些事作为回报。这就是互利互惠，它是做生意的基本要素之一。在指挥工作前，先看看他们目前有哪些优先事项和任务目标。做你力所能及的去帮助他们完成这些工作，以便得到他们的帮助作为回报。
    - **和每个人进行直接接触。**人们总是会说他们太忙，但如果不当面询问的话，你无法知道他们真正的想法。特别的，记得多去接触那些在会议上或电话里总是保持沉默的人。你必须听取所有团队成员的意见，特别是那些不敢公开发表意见、沉默寡言的成员。他们可能是因为有其他的困扰或对会议感到厌倦才保持沉默的，但针对你在会议上讨论的事项，他们可能也有值得听取的意见，现在问总比到最后一刻问而来不及调整要好。
    - **问好的问题。**好的问题应该是这样的："对你而言什么是卓越？""阻碍我们完成任务的是什么？"好的问题能引发思考。你可以通过对话的氛围进行判断。
    - **集体庆祝小成绩。**这有助于强调成功是靠着整个团队的努力赢得的。着重强调团队成员的功劳。传播爱，然后你就能感受数倍的爱的回报。
- **不带控制欲地去倾听。**担任管理职责并不意味着你必须提出所有的主意，或必须对所有人的表现进行评价。有时，你可以通过低调地干预来实现团队合作。

- **出席而不主导。**作为领导者，你的出席本身就表明了会议的重要性。保持警觉，低调参与，不寻求主导。利用自己的面部表情和肢体语言来形成互动。注意自己的讲话时间。对此没有一定之规，但如果你讲话时间大大超出其他参会人员的平均时间，那就足以说明你的做法有问题了。
- **容忍沉默时间。**如果你想听到更好的或更有新意的见解，那就容忍一下会议中的沉默时间吧。控制自己不去打破沉默。特别注意，别在这段时间拿起你的智能手机！当其他人最终主动打破沉默时，好点子通常会接踵而至。用那段沉默时间感受一下小组成员的精神状态，说说你的观察结果也有助于让大家团结起来。
- **不带评价地进行干预。**讨论可能会重复、升温或跑题，这都是正常的，你可能会感到受挫、焦虑、生气或想发火。别这么做，让自己冷静一下，深呼吸几次会有所帮助，或者也可以做一些将椅子放回原处之类的动作。当你平静下来后再进行干预。你可以采取多种形式：看看到底发生了什么，说出你的感受，或者问问大家是否准备好采取下一步的行动。避免有倾向性地选边站队。你的目标是扫清障碍，给团队指明更好的方向。

当然，你并不天真。你知道无论你多么友善，有些人还是不会与你志同道合。他们的兴趣和目标可能永远无法和你的事业相调和。在生意场上，即便是最好的主意也不会总是无往而不利的。

但我希望你尽量按照本章的建议行动，抓住每个潜在的成功机会。一旦你能和他人形成共识，团结一心，你将变得不可阻挡。

/ 第六章 /
在职场中做个理性乐观派

每个办公室都会有一些可怕的角色：欺凌弱小者、行事蠢笨者、性格强硬者、咄咄逼人者，甚至疯子、恶棍、反社会者、怪人，等等。你总会碰到和他们合不来的时候。当你的上司无暇顾及这些问题时，美化矛盾和保持容忍可能会有所帮助。然而，这并非万全之策。一时的容忍也许能让你享受几天或几周的风平浪静。但当你不堪其扰，持续受到乐于此道之人的折磨时，你就必须采取行动了。除非你行动起来，否则你的境遇不会得到改善。

要分辨一个人是真的浑球还是故意和你作对并不容易。在接受了一家全球零售商的工作邀请后，马修就遇到了这样的挑战。一开始，他对这份新工作感到很兴奋，但事情慢慢变得糟糕起来：

我的自信心很不足。我来公司的时间还不长。部门中的其他人在私下里都觉得自己更胜任这个管理职位。当我向他们学习或请教时，我总会被拒之门外。我提出的任何问题或建议都被束之高阁，而我的上司只关心自己的事情。

我感到孤立无援。我知道他们不理解为什么现在是我坐在这个管理者的位置上。我不想失败，也不想放弃。因此我决定继续努力。

后来，在我和一位主管已经成了好朋友以后，他承认说，他曾经想过把我赶走或找机会让我被开除。我当时是另一个人的直接上级，而这个人觉得我抢了本应属于她朋友的工作。在公司里，她以不好相处和欠缺同情心而闻名。

马修并没有因此而陷入过度的焦虑，毕竟其他人一直都对他的位置虎视眈眈！马修没有受困于担忧的情绪，而是重建了自信心，专注于自己能够掌控的事：

我并不太担心别人怎么说我。我控制不了这些。我向我的上级主管询问了他对我的评价，对于负面意见也都欣然接受。我为自己设立了阶段性目标并一一实现了它们。我不断取得进步。

没过多久，那名我的直接下属就和我成了工作上的好朋友。随着我对她了解程度的加深，我们的关系取得了突破。她筑了一堵墙——也是一道障碍——在自己与别人所说的一切之间，不论别人所说的是好是坏，是真是假。这也造就了她的工作风格。我帮助她克服了她的问题，实现了她的目标。我觉得这件事挺了不起的。

我们一起创建了公司内部统筹能力最强的团队之一。对于这份工作，让我记忆深刻的不是销售数字，而是我帮助过的那些为提高销售业绩而做出独特贡献的团队成员。我为这一切感到自豪。想到这些我就有动力继续前进了。

如果马修也怀着敌对情绪看待自己的团队成员，他就无法和他们交流沟通，整个团队也就无法取得成功。他勇于面对他人的怀疑，也意识到并非所有看上去不友善的人在骨子里就真的是个坏人。

在下面要讲的故事里，一部分主人公遇到的阻碍者其行为背后存在客观原因：糟糕的一天、管理机制缺陷、工作任务超出负荷和工作压力；还有一部分阻碍者的行为则是完全没有理由、性质极为恶劣的。但总之，总有这些故事都将帮助你认清自己的处境：

- **如何应对一个咄咄逼人的家伙？**在发现自己要应付的客户是一位喜

怒无常的名人时，凯拉感到猝不及防。

- **何时是放手不管的好时机？**汉努痛苦地发现，有些家伙无论干什么都能搞砸。
- **如何回应卑劣的行为？**当发现前上司故意破坏了他的晋升之后，约翰觉得自己必须站出来说明一切了。
- **如果是恐惧本身阻碍了你怎么办？**尽管各方面都很优秀，但塔拉仍然发现快乐遥不可及。
- **你为什么愿意为一个名声不佳的上司工作？**两件事让卡莱布意识到，自己为其打工的上司很难对付。

职场世界充满阻碍者，也不乏愿意培养、教导和支持你的慷慨之人。几乎没有人是十恶不赦，尽管有些人确实会不时成为别人的阻碍。同样，也几乎没有人认为自己的行为是真的不可理喻，但你仍然可能会在不自知的情况下做出破坏行为。我知道我有时就会这样。

下面这些故事里的主人公在他们各自的遭遇中做出的回应都是恰当的。你应该试着掌握这些技能，做好准备对付你的下一个工作阻碍者。

别让负面情绪阻碍问题解决

> 震惊之余，她的第一反应是保护自己，并对自己说，这不是针对她个人的。

上大学时，进入出版行业就是凯拉的夙愿。毕业后她顺利在出版社找到了一份公关工作，但随着工作经历的丰富，和让人不快的人打交道也成了工作的一部分：

我将这位小说家带到电视台录制采访节目。小说家被带去化妆间，其他人则待在休息室。一名日本女性摄影师和她的助理也在休息室中，准备在节目开始前为这名小说家拍摄一些用于宣传的花絮镜头。小说家的一名亚洲女性朋友也在休息室中。但是，电视台不允许其他摄制组在大楼进行拍摄，节目制作人让休息室中的几人离开，他们照办了。

化妆完毕后，小说家回来发现休息室中只剩我一个人。他立即要求和节目制作人讲话。显然，节目制作人没有意识到小说家的那名女性朋友不是摄制组的成员。事实上，没有人需要离开电视台，他们只是被要求不能进行拍摄。

但小说家愤怒非常。他开始大吼起来："叫你们公司的领导出来！我要起诉你们！准备好打官司吧！"他指职责电视台的工作人员是种族主义者，认为亚洲人的长相没有区别，所以才会犯这样的错误。他冲制作人喊道："我不敢相信你们会这样对待我！"我想，制作人当时肯定很想哭。而小说家本人也气得直发抖。这简直是一场灾难。

我整个人都蒙了，不敢做出什么动作，生怕小说家把火发到我身上。在此前的邮件沟通中，他就显得蛮横无理，措辞也很颐指气使，但我并没有想到他会发这么大的火。这真让人害怕。我试着保持镇定，并尝试和制作人沟通，解决问题，以便完成这次对小说家的专访。不过出乎意料的是，小说家在发完火之后正常接受了采访，表现得好像什么都没发生一样。这简直更让人感到害怕了。电视机前的观众都觉得他很有魅力，而大家不知道镜头之外的他到底压抑了多大的怒火。

凯拉强打精神。一送走小说家，她就跑回公司去见上司。她不知道自己能否再坚持两天陪同小说家完成接下来的宣传工作：

我没有理由因为失败而哭泣或伤心。我没做错什么。我只是无法相信一个人能做出这样的举动，而且我就在现场，备受煎熬。我感到很不舒服。

不过，没有人对这件事感到惊讶。我的上司已经准备实施宣传计划的下一步。而上司的上级则给我发了一封电子邮件表示关心和歉意。大家都来帮忙协助我的工作。后来，我给节目制作人发送了电子邮件进行道歉，解释说这件事完全是一个误会，而那位小说家的行为是不可接受的。

很明显我们无力改变小说家的性格，也不能放弃接下来的宣传活动。我必须咽下苦水，准备接下来的几次采访，再次与这名小说家会面并完成工作。不过为了尽量减少麻烦，我们也想出了一些法子，比如让负责小说家新作品的编辑代替小说家接受了一部分电视采访——虽然这本来并不是编辑的工作。

在机场送走这名小说家后，凯拉一下子感觉轻松起来。不过，这名小说家继续通过电子邮件指责她，说她什么都干不好，在宣传期间弄错了活动日期。凯拉花了数年的时间才对此事释怀：

你无从知晓自己会遇到什么不顺心的事。你不可能喜欢上和你共事的每个人。对于这件事，我曾经长时间地感到愤愤不平和挫败。

我知道自己工作干得不错，而且没有真的犯什么错误。我只是觉得小说家表现得这么激动实在很没必要。我从没见过一个人能在瞬间情绪转变得如此之快。这太出乎意料了，太神奇了。

回过头看，凯拉当初应该更平静地处理这件事，毕竟小说家的行为最终反映的是他自己的素质。

启示

这位客户的行为是完全不可接受的，但凯拉在应对突发状况时表现出了自己的专业素养。

震惊之余，她的第一反应是保护自己，并对自己说，这不是针对她个人的。凯拉应对得当，很好地控制了局面，没有把作家的不当行为盲目地揽在自己身上。她的本能反应使她迅速恢复了理智。当眼前的危机过去后，她立即采取了行动，首先是求助于自己的上司。这个决定也是非常明智的。她的上司确认了发生的冲突与她无关。然后，他们一起采取了应对措施。

任何事都要权衡利弊。凯拉当时可以选择继续留下，把握这次职业发展的机遇，也可以选择放弃接下来的宣传活动以避免更多的冲突发生。她选择了前者，同时作为缓冲，又请另一名同事加入进来承担了一部分采访工作。这又是一个正确的决定，虽然如果她选择放弃接下来的活动，她就可以免于承受小说家后来对她的指责。

让我们向凯拉的勇气致敬！这个世界上还有很多喜怒无常的家伙，做好和他们打交道的准备吧。

忍让和退缩不是你的唯一选择

> 有时，面对无法挽救的糟糕局面，你唯一能做的事就是忍痛割爱，毅然放手。

汉努是家里的独子，在一个芬兰小镇长大。他从小就对物理和数学感兴趣，但很难找到志趣相投的同伴。因此他离家前往爱丁堡上大学进修数学和物理，并希望此后能和一群兴趣相投的同事一起工作：

我当时在爱丁堡和萨姆一起学习弦理论。我们对此感到着迷，但全世界只有大概10个人在专心研究这个领域。萨姆致力于使用数学工具解决现实世界的问题。在一次针对数学专业学生的招聘会上，我们找到了创业的点子。最大的转机发生在我们参加的一次商业策划大赛之中。大赛评委成了我们的创业顾问，后来我们让她担任了我们初创公司的首席执行官。

梦想成真？并非如此。几年后，首席执行官将其丈夫介绍进了公司，事情开始变得糟糕起来：

一开始，我们很信任他。第一年，公司的一切运转正常。他是一名年龄较大的法国人，性格迷人且待人友好，专业背景是精神病学。他只是我们的顾问，不参与具体工作。

但不知从何时起，他开始参加客户会议，并将其变成了一项惯例。他在会议上表现得极富侵略性，我们因此丢掉了一些客户。与此同时，他开始审阅并修改我们的每一份工作报告。我和萨姆试着理解他所做出的修改，但始终没能成功。他对人工智能有很多高屋建瓴的看法，但它们都很空洞无物。当我们指出这点时，他开始大怒，冲我们大声咒骂起来。

他从不道歉，只会责备我们。而首席执行官则会单独找我们谈话，说我们表现得不好，然后她会安排一次会面，让我们当面向他道歉。情势每况愈下。没有他的同意，我们甚至连一份工作沟通邮件都发不出去。我们的电子邮件要经过他和他妻子的审核，经过修改后才会返回给我们。而且他开始变得越发偏执，坚信有外国间谍在办公室安装了窃听设备。

作为这家公司的实际掌控者，这对夫妇给我们开的工资很低，且在大部分时候都用发放红利作为替代。更糟的是，我们在此前签署了一份严格的股东协议，规定若工作未满五年离职，则股东损失全部的股息。此外我们还签署了竞业禁止协议。

汉努有很多理由继续坚持，但他不能忽视自己日益恶化的健康状况：

这整件事实在是太可怕了。这本来是我们的公司，是我和萨姆共同的梦想。我们白手起家创建了它。我们雇用了一个真正优秀的团队并让他们每个人都得到了成长。我们本来有很好的客户，并且正准备开展一个激动人心的新计划。

我总体上是一个乐观的人。我相信大多数问题都是可以解决的。我觉得如果大家坐下来好好谈谈的话，公司的首席执行官和她的丈夫会做出改变，或者说不定他们会干脆离开这个公司。我们担心她的丈夫在进行商业决策方面的权力不受控制，将我们摒弃在外。她丈夫说他以后会尽力控制自己的情绪，好好与我们进行沟通。但一切还是照旧。我们仍饱受招揽新客户、培养新员工和频繁出差的压力。

我和萨姆开始陷入焦虑，并出现惊恐发作的症状。每个周日晚上和每次查看电子邮件时，我都会有这种感觉。我感到呼吸急促，胸闷气短，焦虑不安而且常常突然冒冷汗。

九个月后，萨姆和汉努开始面对现实。他们找了一名律师，准备与对方摊牌：

首席执行官此前刚好要求我们写一封描述她丈夫为公司做出的种种贡献的信函。而我们没有继续按照她说的去做，而是和律师一起准备了一份起诉信函。当我们最终面对面摊牌时，他们大怒起来，用毒蛇、蝎子等贬损之词咒骂我们。

那次会面我们表现得非常平静。是的，我们扣动了扳机，奋起反抗，我们为自己终于选择了战斗感到自豪。

经过六年的打拼，汉努和萨姆离开了他们自己创办的公司。汉努又和别人合伙创立了一家医疗器材公司，萨姆则成为一名成功的软件承包商。

启示

公司首席执行官的丈夫变成了一个彻头彻尾的破坏者，而汉努没有及时察觉到情况的严重性。由于缺乏应付此种“暴行”的经验，他让自己陷入了快被温水煮熟的青蛙一样的困境，局面越来越糟。或者你也可以用马丁·塞利格曼的“习得性无助”解释这种情况。[①]总之，消极应对剥夺了汉努的自由意志，让他只能忍受愈演愈烈的痛苦。

做好准备保护自己是很重要的，但具体要如何做呢？汉努的建议是：“试着在事前想象一个人的善恶多面性。最糟的情况会是什么样子？你将如何应对这种情况？”

有时，面对无法挽救的糟糕局面，你唯一能做的事就是忍痛割爱，毅然放手。幸运的是，工作不是汉努生活的全部。他在以往建立起的人际关系让他潇洒地转身离开，很快就投入新的事业。

用理智和宽容应对职场偏见

> 无论那些在背后评价他的部门主管是否感到羞愧，那个“刁蛮女孩”主管是否改变了以往的做法，这些都已经无关紧要了。约翰用行动证明了自己可以泰然处之，能够原谅别人。

约翰的母亲边学习边工作，把约翰养大。她下定决心在家自己教育孩子，这彻底改变了约翰的人生观：

当时我在一所公立学校上五年级，正渴望拥有自己的朋友圈，获得其他小朋友的认可。母亲就是在此时选择让我离开这样的环境的。她天

① 马丁·塞利格曼被认为是积极心理学的创始人，他针对“习得性无助”这个概念进行了深入的研究。在他的《活出最乐观的自己》（*Learned Optimism*）一书中，你可以看到他所做的试验如何帮助人们重塑了对放弃和打破常规的理解。

生就适合当老师，总是陪我一起做数学题，当然，我也会去探索自己感兴趣的东西。有一次，我请求母亲给我买个电子琴。

到了圣诞节，母亲真的送了我一架电子琴，从此我便开始鼓捣音乐。音乐使你能够表达语言无法表达的东西。它舒缓了我的压力，帮我搭建了与他人沟通的桥梁。音乐让我在社区里小有名气，对我今后的工作也很有帮助。

尽管物质上并不富裕，但约翰的家庭很温暖，他的母亲、祖母和叔叔都很喜欢他。大学第一年年终，他赢得了一份商业培训项目的奖学金，他的世界从此变得宽广起来：

母亲对此很激动。我的家人都是蓝领出身，而母亲一直想让我过上比她更好的生活。她催我赶紧接受这个机会。我觉得经商很棒，我所在的黑人社区也需要更多的企业家。而且我喜欢钻研问题，我觉得我能行！

我加入了一家非裔美国人互助会。我雄心勃勃，互助会中的很多黑人也是如此，他们向我展现了真正的职场精英是什么样子的。我意识到外面的天空无限宽广。

毕业后，他进入一家大型零售公司工作。然而，当一名前同事成为约翰事业的拦路虎时，他对自己产生了越来越深的怀疑：

刚开始的几个月，我努力让自己适应新的工作环境。我在一个由一名资深零售主管领导的小组担任库存规划员。这位女主管的做派让我想到了电影《刁蛮女孩》里的角色——爱抱团，热衷于追求时尚和流行。两个月后，我得到的工作评价是我的工作表现仍有很大的提高空间。对此我牢记于心，努力改进了自己的工作方式。之后没多久，我就被派到了另一个团队。

几年后，我开始向公司领导申请调任到新的部门工作，以便增加工作经验。我参加了面试会议，而新部门的主管对我印象不错，准备批准我的申请。我对此感到非常兴奋！

但就在那个周五的早上，我收到了一份不小心抄送给我的我本不应该能看到的电子邮件，它包括了我的前任主管、新主管和那个“刁蛮女孩”主管对我的评价。“刁蛮女孩”主管对我的评价很低。如果她真的看过我最近几年的工作业绩，她就会知道我已经做到顶级水准了，但她对我的印象还停留在最初那段时间。我真不明白一个在工作上几乎和你没有交集的人给出的评价依据何在。

但约翰的反应让诸位部门主管也感到惊讶——他对此表示了理解，将愤怒抛在一边，理智地做出了回应：

当我看到电子邮件时，我感到非常的震惊和痛苦，之后则是愤怒。得到他人的诚恳评价是一种馈赠，但很明显此类评价并不是。有些人当着你的面与你谈笑风生，背后却会对你恶语相向。

我问那位女主管这封邮件是怎么回事，而她对此非常尴尬，无法给出合理的解释。但我决定泰然处之。这个突发事件让公司领导看到了我应对逆境的能力。这增强了他们对我的信心。我和我未来的主管见了面，他仍然决定给我提供那个平级调动的机会。于是我开始在新部门工作，职位则保持不变。

我现在对应该如何和戴着有色眼镜看我的人打交道这件事变得更加谨慎了。尽管最终我的新主管相信了我，但我仍然意识到自己在工作中应该表现得更聪明一些。对于白领阶层中的非洲裔和拉美裔来说，保住职位，融入公司氛围一直是一个艰巨的挑战。毕竟，我们是在白人占统治地位的行业工作，种族歧视和种族偏见时有发生。我认为这也是公司留不住这部分优秀人才的原因。

我的朋友有来自常春藤盟校的，也有有过犯罪记录的。对于他人的歧视和偏见，我非常敏感。我的很多朋友也都在和自己周围的世界做着斗争。

晋升为多元化管理小组的负责人后，约翰现在的主要工作是管理全公司的领导力培训项目和员工激励事务。对约翰来说，事情正向好的方向发展。

启示

因偏见和毫无理由的差评而愤怒继而爆发是可以理解的。不过，约翰选择了理智地回应。他认为："那位女主管本可以在倾听员工的意见和与员工开展关于工作评价的深入谈话方面有更好的表现，可惜她可能没有接受过类似的培训。中层领导者在领导水平上可能存在巨大差异。有些人真的不知道如何培养和他们不一样的人。"

无论那些在背后评价他的部门主管是否感到羞愧，那位"刁蛮女孩"主管是否改变了以往的做法，这些都已经无关紧要了。约翰证明了自己可以泰然处之，能够原谅别人。他在面对这种情况时所表现出来的领导能力也激励了他人。作为回报，他最终成为公司领导力培养项目和员工激励事务的负责人，得到了一个替弱势群体发声的机会。

这比他期望得到的还要多。

在与自我怀疑的斗争中取胜

> 更多地活在当下。这意味着对过去放手，并暂时忘记未来。

塔拉很成功。作为班长的她在高中时人缘很好，后来还考上了名牌大学。大学时她的成绩也很好。毕业后，除了收到几家高科技公司的工作邀请，她还被两家商学院录取了。她觉得自己已经无法要求更多了。但在进入职场的第一年，她就职的公司进行了重组。拿到一笔不菲的遣散费后，塔拉开始考虑自己的未来：

奇怪的是，我并没有陷入恐慌。一开始，我对离职这件事感到很兴奋，这是一次尝试其他职业的绝佳机遇。我更担心的是我没能充分利用这次机遇——如果我接下来做出的选择不是最佳的那个该怎么办？

我觉得在做之前的那份工作时，我应该取得更大的成就。如果再给我一个月的时间，我就能给出一个更好的成绩了！我开始思考：在之前的公司工作时，我给自己设定过任何目标吗？

我对未来的事业发展方向感到犹豫不决。离职后没多久，一家初创公司就向我伸出了橄榄枝，但我不确定这百分之百就是我想要的新工作。这家公司支付的工资远低于以前，不过这不是最重要的，我更多的是对可能做出错误的决定感到不满和焦虑。我是不是应该去一家名气更大的大公司？直到今天，我仍然对我的选择留有疑虑，我质疑自己是否做了正确的选择。我是否有其他的选择？老实说，我知道不存在什么方法可以用来确认某个选择是否有利于我的职业发展。但在大学时我就常常有这类怀疑，比如我是不是应该去另一所学校而不是现在这所？

我的处理方式是反复权衡，看看我认为可以通过这个选择获得的好处是否能够实现。

这家初创公司提供的工作符合塔拉的标准。经过一番考虑后，她选择了加入：

我喜欢和工作伙伴熟悉起来。我办公室的座位就挨着公司的首席执行官。上班第二周，我就主办了一次全公司的会议！我带头对公司的分析设备进行了调整。我感觉这是一个不小的成就。

我还是有点儿紧张，因为我觉得自己还没有做好承担整个分析业务的准备。也许我应该去一家有更资深的员工能培训和教导我的公司。但不管怎么说，只有时间才能检验我做的决定是否正确。

一年后，塔拉离职了。她在那里工作得并不开心。是时候开始活在当下了。她先是找到了一个为期六周的市场分析实习工作，为其崇拜多年的一位全球知名的摇滚明星工作。此后，塔拉又加入了一家大型高科技公司，开始在其祖父母生活的国家工作。这两项工作都在她的人生目标清单上。我们最近一次交谈时，塔拉感觉自己对生活更满意了，尽管她仍然会时不时地怀疑自己的决定。

启示

害怕做出错误的决定可能会成为你的一个挥之不去的梦魇。对抗它的有效武器是：更多地活在当下。这意味着对过去放手，并暂时忘记未来。如果你必须回顾过去，那就欣赏一下自己已经取得的成绩；如果你必须考虑未来，那就让自己憧憬一下成功的时刻，记得只留出特定的时间而不是用所有的时间来担心。

在聚光灯下，每个决定看起来都是错误的。如果你发现自己总是反复审视自己的决定，这意味着你内在的怀疑者人格正在主导你的行动。尽管这一人格也是你自己的一部分，但它还是有能力阻碍你尝试新事物和接受新的体验，而且还会让你不断质疑自己当初的选择。不如换个角度，允许自己去梦想一下未来。

另外，如果你突然失业，你可能会感觉遭遇了一场重大危机。此时你要做的第一件事是冷静下来。丢掉工作是很可怕，但如果它还在你的承受范围之内，不如将其作为你尝试去做其他事的完美借口——至少先试着做几周。

就像塔拉选择了去给她喜欢的摇滚明星做实习生一样。

关注他人的优势而非缺陷

> 难以相处之人也有他的优点，努力让自己去发现这一点吧。

卡莱布出生在埃塞俄比亚，很小的时候就来到了美国。后来由于父亲在联合国的工作，卡莱布一家又搬家到意大利。卡莱布当时 14 岁，处境艰辛：

那年圣诞节，父母将我送回了美国的朋友家。回到美国后，我突然感觉自己成熟了许多。我意识到父母这样做是在帮助我。我告诉自己不能再当一个乳臭未干的小孩了！之后的四年是我人生中最好的时光。我学会了换位思考，并且将其视作一项终身实用的技能。

后来，父亲在我大二时患了癌症。当时我正处在低谷期，我开始不去上课，之后干脆退学了。我搬回家里住希望能帮助母亲，但父亲还是在我还一事无成时就去世了。我很受打击，我一直背负着这份愧疚。

卡莱布后来还是完成了大学学业，在一家公司工作了几年之后，他去了一所电影学院进修。出人意料的是，他在电影行业的这段经历，为他几年后加入金融机构和一个难以相处的上司共事铺平了道路：

在电影学院进修期间，我们以小组为单位工作，轮换扮演不同的角色。和小组成员认识的第二天，我就受到其中好几位的邀请担任他们个人拍摄项目的助理导演。我想，也许我真的具备一些别人认为我具备的技能吧！我是组里唯一一个能和每个人融洽相处的人。有时，学生导演会对要做的工作一头雾水，而我可以在不让对方感到压力的情况下给予指导。我学会了采用一种尽量减少摩擦的方式与别人沟通。

在现在的这份工作中，我就用到了这种沟通方法。入职前我看到了我这个岗位的前两任员工对上司的反馈——他们的体验糟糕极了。而周围的人也普遍认为这位主管真的很难打交道。我不知道别人是怎么处理的，但我希望自己在真正熟悉环境之前不去妄加评价，最好是抱有一种开放的态度，对自己是个新人这件事有自知之明。我需要先去理解这里的工作生态而不是一味想着去塑造它。我学东西很快，并不需要太多手把手的指导。

我的上司标准很高，并且注重细节。因此我就让自己也去关注她所关心的那些方面。我会提出正确的问题，避免大谈特谈对她而言不重要的东西。她对于讨论与主题无关的事情没有耐心。作为上级，她必须在工作上信任我，而我也做到了尽早向她提交成果。这些做法给我带来了很多好处，让我形成了很好的工作信誉。

她的很多工作作风和我很像。因此我知道何时该提问，何时该插话，何时该独立地开展工作。我还知道该如何在正确的时机用一个合适的玩笑缓解紧张气氛。我还知道如何换一种方式陈述我的问题使之导向正确的解决方案。她对于和我一起工作感到很舒服，我也一样。我们相处得非常好。

在其他人眼中难以相处的主管，在卡莱布眼中却是一位富有才华的上司。我想，他的父亲会为他感到骄傲的。

启示

并非每个上司都是坏人，但其中一些的确很难相处。卡莱布在这方面做得很好。他拥有心理专家们所说的高情商。他能够适应自己的角色同时避免让自己成为阻碍，卡莱布在与上司的工作互动方面做得非常出色。并且，每一次互动都让他学到了东西，加快了他在工作上的成长。

卡莱布不发电子邮件。他选择打电话或面对面聊天的方式与他人沟通。而他得到的反馈的信息量要远大于在邮件中平铺直叙“我在这件事上处理得如何”所得到的简单回复。当面交谈可以让你从上司的肢体语言和面部表情中获得更有价值的反馈线索。当你的上司是行业内的资深专业人士时，这项能力就尤其重要。

卡莱布是如何在他的前两任纷纷给出负面反馈的前提下发现了上司的诸多优点的呢？他将注意焦点放在了发现她的优势上。卡莱布对上司在专业水平上的崇拜与他想要更好地了解这个公司的期望相契合。两人都是实干家。卡莱布寻找共识的行动使他们得以和谐共处。

难以相处之人也有其优点所在，努力让自己去发现这一点吧。

处理人际关系的行动指南

我们每人都有可能在工作中变成一个阻碍者。我们都会有事情不顺的时候。有些上司很强硬，富有侵略性，说话直接并且以任务为中心。这是可以接受的，即便你对此很难适应。罗伯特·萨顿将“职场恶人”定义为不折不扣的粗鲁之人，这种人具有暴力倾向，总是想要折磨你，让你感到受尽屈辱，动力全无。[①]

一些特定情况会加重这些人的恶劣程度：健康状况不佳，缺乏睡

① 如果在工作中你对自己上司的行事方式无法忍受，那你真的应该读一读萨顿教授的《论浑人》(*The No Asshole Rule*)一书。或者，如果你想确认自己在工作中没有表现得像个混蛋一样，你可以借助以下网址进行自我评估：http://eletricpulp.com/guykawasaki/arse/。

眠，摄入过多的垃圾食品，连续长时间地工作，休息不足以及持续的工作压力。他们会通过他们的自以为是、刻薄和性急鲁莽将种种压力转移给你。当马修遇到这种情况时，他并未直接将对方视为恶人，而是考察了具体情况。约翰则用宽容作为回应。然而，另一些情况带来了更大的挑战。塔拉不得不去与自己内在的怀疑人格做斗争，她的自我怀疑是由恐惧导致的。卡莱布选择去适应新环境，关注新上司的优点所在。凯拉和汉努面对的则是极端的欺凌。“职场恶人”可能并不常见，但他们一旦出现就会毁了你的职业生涯。

尽管这些难以处理的情况令人不快，但只要你勇于面对，你就会有所收获。无论面对何种情况，为了改善自己的工作体验，你能做的事有很多。

评估自己的处境

当你遇到不顺的一天时，你会感到食之无味，生活也失去了色彩。如果你听之任之的话，你的悲观情绪就会四处蔓延。现在先暂停一下，看看自己究竟在面对一个什么样的处境。

- **评估自己的情况。**准备好纸笔，写下对自己的工作情况和个人状况的分析。在这张纸的中央写下你在工作中遇到的状况，在外围写下你在生活中遇到的问题。这样做的目的是结合已出现的所有问题估计你自己的痛苦程度。
  - **工作情况。**在工作中你是每天都要面对阻碍者还是只是偶尔需要面对他们？用一个圈代表你自己，用其他的圈代表职场中的阻碍者，圆圈重叠的部分代表你们在一起工作的时间。再用另外一种颜色的圈代表其他在工作中和你有交集的人。大略地写下影响你工作的所有因素，比如下滑的工作业绩或你的团队正在面临的压力。注意不要漏掉积极的因素，只有这样你才能掌握全面的情况。

- **生活情况。**现在，在上述分析的基础上添加你生活中的重要事项：家人、朋友、社区、宗教、社交活动和兴趣爱好。大略地写下影响你生活的所有因素，比如一段良好的关系、年幼的孩子或多病的父母。
- **确认自己的目标。**提醒自己你选择这份工作的初衷是什么，想想自己的远大目标，希望在这里获得的技能或经验等。在纸的最上方写下这些内容。
- **评估你的痛苦程度。**现在你可以根据上述分析评估那些职场阻碍者给你的工作和生活带来了多大的痛苦。用数字量化痛苦程度，从 1（偶尔的轻微痛苦）到 5（持续的痛苦）再到 10（无法忍受的痛苦）。一旦痛苦指数大于 5，就说明你必须采取行动了。

- **评估他人的情况。**现在使用同样的方法评估那些职场阻碍者的情况：工作情况、生活情况、追求、目标和痛苦的程度。至少，你可以通过这个分析发现，他们到底是因为正在经历困境才做出阻碍他人的行为，还是从本质上就是一个彻头彻尾的“职场恶人”。

找出并面对你的恐惧

你的不适或艰难处境也许根本不是由他人引起的。如果你所面对的情况引发了你内心的某种恐惧，那么不如试试向内寻找原因。

- **找出那些曾被自己视为困境的情况有什么相似之处。**看看当前的情况，回想一下自己是否面对过类似局面。面对这种情况，通常会发生的是什么？你的行为反应是什么？你会被这种情况引发怎样的情绪反应？对那些情绪反应（包括困扰你的性格特点）刨根问底。

- **深挖自己的恐惧之源。**对于当前的处境，你没有表达出来的感受和想法是什么？从中反映出来的你所坚持的信念和思维模式是什么？什么对你而言是真正重要的？刨根问底直到你发现了恐惧的根源。如果你并没有发现恐惧的情绪，那就看看是什么让你感到愤怒。愤怒标志着你的一项重要需求的满足遭到了威胁。典型的恐惧根源和未得到满足的需求通常和他人的认可或自身所处的地位、确定性或控制感、自主权或独立性、人际关系以及公平性有关。[①]当你发现自己在身体和情感上都表现出了恐惧反应时，你就能知道自己找到了它。
- **挑战自己的思维模式。**仅仅是找到自己的恐惧根源就能让你变得轻松不少，但你还可以更进一步。你所坚持的某种信念或思维模式会导致恐惧，找到它。这种信念和别人无关。恪守它还是放弃它是你自己的选择。挑战一下自己，试着采用一种新的思维模式。例如，“我会被发现的”这种想法可以用“这说明对方缺乏安全感”来代替。这样的话，你面对困境时采取的应对方式就会随着恐惧的减退而大有改观。虽然恐惧不会消失，但至少它不会再让你惊慌失措了。
- **设想一下采用新的行为模式会怎样。**思维模式的改变自然会导致不同的行为方式。设想一下采用这种新的行为模式，或者说用不受恐惧干扰的新的思维模式应对原来的情况——比如，我变得更加理解我的上司了。这种思维模式会让你表现得更加友善。
- **换位思考。**你可以使用同样的方法去更好地理解别人经历了什么：先观察他的行为，不进行评价；思考这个人未表达出来的所感所

① 参见大卫 · 洛克的文章《理解大卫 · 洛克的SCARF模式》，https://conference.iste.org/uploads/ISTE2016/HANDOUTS/KEY_100525149/understandingthe SCARF model.pdf。

思；想象一下他的内在信念、思维模式和未获满足的需求。一个充满恐惧的人往往无法理智地采取行动。如果给予同情已为时太晚的话，至少你现在可以更好地理解他的不理智行为了。

充分利用阻碍者的存在

你可能会主动选择和难以相处的上司或同事工作，因为他们能让你学到很多东西。如果他们并非真正的“职场恶人”，你就应该尝试调整自己，促使他们将好的一面表现出来。但如果他们的行为是完全不可接受的，那么注意保护好自己。

- **给阻碍者归类。**注意以下危险信号：执迷于操控细节；突然暴怒或无法预料的情绪变化；自我膨胀，固执己见；玩弄权术，热衷操纵他人（包括频繁撒谎）；意在满足控制欲的故作友善和幽默；无故的残忍和粗鲁。看看你的同事是否有和你一样的感觉。如果至少一部分危险信号持续存在且你的同事也有一致的观感，那么可以肯定地说，你遇到了一个“职场恶人”，是时候采取行动了。
    - **建立档案。**详尽记录下你们的每次互动，留下目击证人。
    - **决定好自己打算做什么。**当你为自己挺身而出时，别忘了你需要一些支援。有时，霸凌者可能在高级管理层或人力资源部门有很广的人脉，因此你需要对所涉及的人际关系有清晰的概念。
- **拥抱新的思维模式和行为方式。**抛掉恐惧，你就能更富创造性地思考，并对他人的行为施加更大的影响。
    - **和旧思维模式的导火索做斗争。**不要一开始就觉得其他人都在针对你或者是你自己做错了什么。秉持中立的观点，或者（如果能做到的话）试着从积极的角度去解读。不要误会，这不是鼓励你盲目进行正面思考，你需要寻找其中真正积极的因素。不要掩耳盗铃。

- **主动倾听**。注意倾听别人讲述的内容而非语调，此外还要关注对方的言外之意和未表达的情绪。如果你一直在考虑接下来要说什么，那么你就没有在倾听。同样，如果你正在进行一场电话会议，那就先别去管来往的电子邮件。保持对当下的专注。
- **确认你的下一步打算**。简要回顾你和你上司的对话，总结出你接下来计划去做的事。这可能会令你感觉不舒服，但总比会面之后一头雾水要强。脾气再好的上司对于重复的问题也会失去耐心。

- **管控好力所能及之事**。阻碍者的行为不是你的责任。不要有片刻的犹豫觉得你该为他的行为负责或者你活该遭受这样的对待。这是虐待自己。相对的，你可以对其他事情进行更好地管控。
    - **聚焦于自己的成长**。直面对方对你的反馈，看看有没有什么可借鉴之处，吸收合理的部分。毕竟，没人能阻止你听取好的建议。
    - **设定边界**。这需要一点儿勇气。请鼓起勇气大声说出你的想法。当工作遇到阻力时，主动寻求交流——保持心平气和。根据自己的需要，提出清晰而公正的要求。
    - **找到其他可以共事的人**。去了解公司中和你的“职场恶人”上司平级的其他主管，其中一些人可能同样充斥着负能量，但另一些人则可能充满正能量。不要轻信朋友的话，自己去观察。如果有合适的机会，就果断调换岗位。“在所处之地发光发热”这句格言有时也带有误导性。如果你在此处感觉不到受到重视和尊重，那就去他处试试看吧。

保护自己免遭伤害

- **立刻寻求帮助**。举个例子，某个人在一次会议上突然站起来指着你扯着嗓子骂。这太疯狂了！如果他多次用这种残暴的方式在公共场合批评你呢？显然，他的行为是不理智的。面对这种情况，你就该寻求帮助了！

- **向上司和导师寻求援助。**这当然是在上司不是“职场恶人”，而是能帮助你的人的前提下。如果你的上司是个和事佬，让你逆来顺受，那就去找其他人帮忙。这时你就需要导师了。没有人比你自己更清楚，你不该独自一人应对这一局面。
- **使出撒手锏。**如果其他手段都无效，而你已经陷入了极端的痛苦，那就寻求关键人士——更高级别的管理者或人力资源部门的帮助。你还可以向其他部门中经历过或目睹过类似遭遇的资深同事寻求帮助。事情已经到了危急时刻，你会愿意承担暴露自己弱点的风险的。

- **设立保护自己的屏障。**由于职场中缺乏法律方面的限令，因此你需要尽可能避免单独和“职场恶人”待在一起。
  - **寻求支持。**让公司中职级更高的人为你提供一些缓冲，促使对方将你所遭遇的霸凌事件界定为公司事务——因为事实就是如此。找到能将公司利益置于个人友谊之上的人，向他们提出帮助的请求。
  - **发出声音。**设想一下摆脱“职场恶人”的生活，也许这就能给你足够的勇气和力量选择离开。离职之前，确保已向管理层反映了你的情况和意见。即便你选择离开，你也可以利用这个机会改善公司同事的工作境遇。
  - **做好离职准备。**有时，局面已不可挽回。这样的话，不如早些开始规划自己的下一份工作。

职场不像我们期望的那样文明。如果你是职场阻碍者，你造成的负面影响可能会出乎你自己的预料。反思一下自己的行为。保持自我清醒能让你顺其自然地进行调整。

很多情况下，职场阻碍者横行无忌，不用承担后果。有些阻碍者偶尔是做好事的正派，但大多数时间都是做尽坏事的反派。你也可能会遇到这样的阻碍者——那些让工作变得无法容忍甚至危及你的身体健康的家伙。幸运的是，越来越多的人开始挺身而出，致力于清除工作场所中的这些害群之马。

如果你也在这样做，那你就是一个超级英雄。

/ 第七章 /
跟对人，做对事

这一章的主题是“职场引路人”。你可能会问，职场引路人和导师不是一回事吗？二者的区别之处在于：虽然二者你都需要，但职场引路人才是能给你的工作带来真正变化的人。

导师通常是一位富有经验和智慧的、负责教导或引导你的善良之人。他并不一定要了解你的为人。一般而言，他们只是完成上级分派的任务，即便他们带着善意的目的，也只会和你见一两次面。最重要的是，挖掘你的成长机遇在哪里不是导师的职责所在。导师的责任是基于自身的经验提供专业方面的观点和建议。他们可能和每个新人都说过同样的话。而且，他们完全没有必要为你承担任何风险。

甘冒风险去增加你的成功机会的人才是你的职场引路人。因为他们真心希望你取得成功，所以他们会和你风雨同舟。他们可能会比你自己更相信你的能力，而且还会给你出主意，培养、支持、保护你，为你搭建人脉，扫清障碍，并为你声援。最重要的是，职场引路人是你团队中的一员，他能为你提供帮助你成长和进步的工作机遇。职场引路人有可能是你的上级也有可能和你平级，但更重要的是，他一定备受尊重且人脉很广。多数情况下，职场引路人的职务至少要比你高一级，比目前的你拥有更好的信誉。

凯特想找人指导她的医学院实习工作，但她的第一个导师由于太忙无法帮助她：

我想找一个心脏病学领域的导师，我成功找到了一位，但结果并不理想。她是一位世界知名的专家，还有很多其他的学生，我的研究的确是她所关心的领域，但她太忙了，我们无法经常碰面。我需要有人给我提供支持，帮助我进步，但事情并非如我所想。

我和那位导师一起工作时成果颇丰——完成了一本专著中的部分章节，发表了多篇论文，还完成了一些论文初稿，但我没有得到自己真正需要的帮助。我感到很失落，还有点儿恼怒。我觉得我选错了人。

凯特对自己的职业前景感到迷茫。就在那时，她的实习医院聘用了其第一位高校背景的全职心脏病专家教授。成为这样的医生简直就是凯特的梦想。她决定抓住机会试试看能否与对方取得联系：

那位教授回复了我的电子邮件："我愿意和你见面。跟我说说你的打算吧！"我对她的职业发展路径提了很多问题。之后我和她谈了我对教育项目的一些想法。她也积极地表达了她的看法。我们开始经常见面。她鼓励我申请资助，并帮我对申请书进行了润色。我们的关系进展很快，尽管我们还没有正式确立导师和学生的关系。她开始给我提供一些机会，让我在医学院参与工作，比如让我代她进行授课，邀请我在一次全国性会议上发表报告。在会议之前，她说："为了确保你能在会议上给出一个亮眼的表现，现在让我们来演练一下，这样你到时候就能有更好的发挥了。"

我们一直相处融洽，在我 35 岁的生日聚会上，她送给了我两瓶香槟，还有给孩子们买的礼物！我们在工作上互相帮助。她获得了医学界一份分量很重的奖励，需要有人在她领奖期间为她代班。我立即答应了她的请求——小事一桩！她帮我认清了自己究竟能成为一名怎样的教育者和医生。确切地说，她将我视作她的接班人。

凯特一开始以为自己需要的是一名导师，但她真正需要的其实是一位职场引路人。第二段经历让她找到了自己的真正所需。凯特发现，与职场引路人的关系会不断深化。本章中的故事向我们展示了如何早日找到自己的职场引路人：

- **一位职场引路人会带来什么变化？**原本，约书亚手中的资源不足以让他取得成功，但在遇到自己的职场引路人后，他获得成功的机会大大增加了。
- **你应该如何经营和潜在职场引路人的关系？**意识到一位合适的职场引路人可以给自己的生活带来关键性的变化，弗朗西斯卡和她的职场引路人维持了良好的师徒关系。
- **你需要和职场引路人建立何种合作关系？**严师出高徒。杰森严厉的教练让他学会了坚持，尤其是在身处困境之时。
- **你如何在与职场引路人之间的合作关系及保持自身独立性之间做好平衡？**公司的首席执行官帮助特蕾西在事业上前进了一步，但他们两人的合作关系是利弊参半的。
- **当你和职场引路人发生矛盾时该怎么办？**伊娃在两位利益相左的职场引路人之间进退维谷。
- **职场引路人能得到什么好处？**瑞克发现，如果你选择了正确的人来培养和提携，你的收益将远远大于你的付出。

上面的故事揭示了万事皆有可能的道理：陌生人可以成为你的上司，上司可以变成你的导师，导师可以成为你的职场引路人。职场引路人并非工作场合的标准配置，而且他们也会以自己的事业为优先。这也是你必须广泛培育良好关系的原因所在。

与职场引路人的关系都是从一起工作开始的。某个人之所以选择你作为其培养对象肯定有他的考虑。出色的工作表现是必需的，但还不够。职场引路人必须能够从合作关系中获利，并且产生想要帮助你的意愿。

这件事不太可能自然发生，你必须靠自己创造机遇。

在远大梦想的指引下成长

> 职场引路人欣赏你对卓越的渴望，他们能帮助你大胆去梦想。他们比你自己更了解你。

约书亚来自内陆城市，出生于一个生活贫困、受教育程度较低的黑人家庭。他出生在印第安纳，是三个孩子中年龄最大的。他同父异母的弟弟只比他小三周，他俩的关系很好。他们的父亲是一名厨师，对约书亚的生活影响不大。如果不是得到了多位精神导师的帮助，约书亚的生活可能会完全是另一种样子：

我的长辈们点燃了我心中的理想之火。他们对我要求严厉，而且严格遵循自己的原则处事。母亲曾批评我说："别人这样做不代表你也可以。"我的叔叔则教导我："如果你完成了别人分派给你的任务，那就自己再去找别的事做。"他们对我的弟弟妹妹的要求并不像对我一样严格。我的妹妹在大城市发展得并不顺利，弟弟的情况也不太好，他在 21 岁时不幸遇害身亡。

幸运的是，在我的人生的每个阶段，我都会遇到一位精神导师，他们教导了我要做事负责，保持好奇，而且要坚持不懈。比如，上五年级时，我的计算机课老师（他也是一个黑人）每次出国旅行回来都会给我带一件手工艺品。他教会了我去欣赏文化的多样性，增强了我对差异的包容和理解。

初一时，约书亚下决心要在以后成为一名工程师。这一少年时代的渴望后来让他赢得了大学奖学金、一家公司的实习机会和一名真正的职场引路人：

这家公司为大学实习生提供一些初级岗位和培训项目。由于我坚持要去电子工程部门实习，我成了小组中最后一个被安排岗位的学生。好在我遇到了人力资源部门的主管琳达。她也来自一个破碎的家庭，她在我身上发现了我所具有的一些与众不同的特质。在接下来的六年里，琳达和她的丈夫经常邀请我去他们家做客。是她在实习期间对我的帮助让我的生活变得不同。

大学最后一年做毕业设计时，我的发明获得了成功。人们开始说："伙计，你的发明真酷！你应该把它卖了赚钱。"我花了几个月的时间完成工程设计，已经累坏了，但琳达认为我应该再坚持一阵，申请专利，公司的法律团队会给我提供相应的帮助。当时，我并未意识到申请专利的重要性。

约书亚的雄心壮志、明确目标和坚忍不拔让他取得了成功。而琳达的帮助则使他拥有了更大的梦想：

我对自己无法把握的机遇从不拒绝。如果有人说，"我们想让你带领这个团队，我们觉得你可以边干边学"，你可以回答"但我不具备这样的技能，我还没准备好"，或者，为了让自己更快地成长起来，你也可以就这么答应下来。如果你害怕承担责任，那你就太自私了。

我不是因为天生条件优越才去做这样的选择的。我希望当一个孩子读到这本书时，她能够意识到没能生来优秀，她也可以变得卓越，如果她能够吸纳那些过来人的智慧的话。我想，如果一切顺利，到 45 岁时我应该已经成为一家公司的首席执行官了。我的目标是积累 1900 万美元的资本净值。我打算留下几百万的退休金，剩下的全部捐出去。之后我想帮助更多的人去学习我不曾学过的东西。

约书亚在实习期的经历为他加入一家大型工程公共服务公司铺平了道路——他应该感激琳达，因为是她为他打开了通向更为宽广的未来的大门。

启示

约书亚的母亲教导他在生活中要主动做出选择。他的精神导师教导他要热爱学习新知，包容差异。而他的职场引路人则教会了他去梦想远大，并且帮助他实现了梦想。

如果约书亚当初没有坚持要求去电子工程部门实习呢？如果他没有遇到琳达呢？如果他没有听取琳达的建议或者他的发明没有成功呢？运气在约书亚的生活中的确扮演了重要的角色，但我们每个人都会遇到自己的好运，关键是要看你如何利用它。

职场引路人欣赏你对卓越的渴望，他们能帮助你大胆去梦想。他们比你自己更了解你。最重要的是，职场引路人会为你制造机遇以帮助你实现梦想。你有多渴望自己成功，他们就有多渴望你能取得成功。

让我们向琳达致敬。这位低调的英雄将职场中的师徒关系带到了一个新的高度。

成为一名大师级学徒

> 时间不够才是他们最大的障碍，如果潜在的职场引路人主动邀请你进行一次简短的交谈或观摩一次高层会议，照单全收。

弗朗西斯卡的父母是在纽约一家时尚零售商工作时认识的，因此，弗朗西斯卡从小就将自己也视作时尚零售行业的一员。家人的人脉关系让她得到了一个进入时尚业实习的机会，弗朗西斯卡在那里学到了不少东西：

我担心大家会因为我的父母对我评头论足。我希望他们对我的评价是基于我的表现而非我的家庭背景，因此我经常加班工作，完成一些没有分派给我但必须有人要做的工作。你必须不停地思考你还能再多做些什么。

我们当时正在研究一项消费者市场分类战略。我额外增加了一个消费者分类并准备了一份补充报告。我的调研成果得到了采纳。之后我给主管主动发送了一封电子邮件，介绍了我最初的想法并对下一步行动提出了建议。这个项目帮我证明了自己。

我认为，在被问到之前就提供答案是我的职责。这可以追溯到父母对我的教育方式。我小时候总是期待他们的下一个问题。在我的年终工作评价中，主管认为我有大局观，并且说我非常积极主动，她欣赏我总是提前想好下一步的做法。

时尚业最具挑战性的事之一就是将其作为自己的终身事业。我遇到了很多功成名就的女强人，她们都建议我利用好我的人际关系和家庭背景。

大学毕业回到时尚业后，弗朗西斯卡受到了比别人更多的关照，因为她建立了良好的人际关系，且工作业绩突出。然而，花无百日红，弗朗西斯卡很快就发现自己站在了职场发展的十字路口：

我的主管帮我在时尚业站稳了脚跟。她就是我的第一位职业导师，她培养了我的市场营销能力。她一直支持我，带我参加有利于我的未来发展的会议。而当她说自己打算离职时，我感到自己被抛弃了。

她的离职碰巧赶上我第一次独立完成一项任务。我担心自己会干得一团糟。我尽了全力，但仍然感觉准备不足。我的座右铭是“去搞清楚”，但有的时候不知道就是不知道，没有人教我的话，我就不会进步。我并非天生就能成功。

没有人能替代我的主管。在忙碌的一天结束后，我意识到总有些因素是我无法控制的。如果公司不看重我的项目，帮助我实现这个目标，我就不得不选择离开。

弗朗西斯卡的这段师徒关系要追溯到实习时期。由于两人一直保持联系，她向导师寻求了帮助：

我的导师总是说：“当你想要从现在的公司辞职的时候，记得联系我。”我本以为这次她会说“你还没有准备好”，因此当听到她说“我给你留了位置”时，我真的无比惊讶。

事情进展得极其顺利。我本来还想在原来的公司待满两年，但她提供的工作和机遇比其他什么都重要。

弗朗西斯卡选择了辞职，来到她的第一位导师——现任职场引路人——任职的公司接受了一份新工作。两年之后，她就升职为部门高级主管。当她的职场引路人离职加入一家初创公司后，弗朗西斯卡很快也投奔了过去。

启示

弗朗西斯卡知道，要取得成功，职场引路人是必需的，她将做学徒视作事业发展的基石。潜在的职场引路人具备你在这份工作中所需要的各方面的技能和经验。带着真诚的仰慕和自己的需要向他们学习。多数人愿意听到你的赞美，并愿意帮助你成长。时间不够才是他们最大的障碍，如果潜在的职场引路人主动邀请你进行一次简短的交谈或观摩一次高层会议，照单全收。思考一下他们对你的期待，然后让自己表现得超出期望值。这就是弗朗西斯卡培育师徒关系的成功秘诀。

最后，尝试通过和你所在公司之外的人保持联系来决定自己下一步的方向。你的导师、引路人会为新工作而跳槽，你的人际关系网也会因此拓宽。并非只有时尚业存在人员流动现象，每个行业都是如此。

这就是为什么寻找职场引路人并非仅仅是锦上添花。像弗朗西斯卡学习，成为一名大师级学徒吧。

拼命工作，自会有人相助

> 职场引路人能帮你出谋划策。他们会对你谆谆教诲，他们对你的爱是发自内心的。他们还会替你打通人脉。他们会保护你。

杰森天生就是当成功人士的料。我们都知道有些人能轻松获得成功，但杰森并不属于此种情况。对一些人来说，成功需要付出许多努力，还需要获得很多支持。这才是杰森。

杰森的父亲是他的第一位引路人，也是一名严厉的教练。是父亲教导杰森学会把握机遇的：

我的父亲非常爱我，而且他是一个很棒的教练。我发现只要按他教我的去做，我就能取得成功。父亲说："不存在做不到这样的事，你能做到。我们一起努力。我们能行。"高中时，我努力想办法赚取上大学的学费。我尝试了打橄榄球，但这项运动并不适合我。我又试了足球，但也不擅长。不过我的确是跑得最快的球员。我父亲说："能跑多快就跑多快，使出全部的力量——你得不了心脏病！别担心，你会是第一个冲过终点的！"他一直帮助支持着我，直到我小有成绩。之后，我获得了自己所申请大学的全额奖学金。

很早，父亲就开始让我考虑进入银行业的事了。晚上，他负责清理银行的厕所，白天，他就把我介绍给银行家。从高中第一年，我就开始在银行实习了。

大学毕业后，在进入银行业开始我的第一份全职工作的第一天，我就发现我是公司担任该职务的第一位非裔美国人，甚至有同事以为我是后勤室的员工，随口就让我帮他送信到收发室。我并不清楚事情会是这样，但我想起父亲教导我要让自己强硬起来。即便是现在，他仍然会问我“你今天干了什么”，而在我告诉他我都做了些什么之后，他就会说：“这不够！”父亲告诉我，我可以创造自己的命运。我得到了别人没有得到的机遇，现在我必须努力去实现自己的目标。我有责任充分利用好我的每一天。

每个人迟早都会面临真正的困境，此时便更凸显了拥有一名职场引路人的重要性：

公司把我调到一个业绩不佳的分公司。他们让我在前几年先和一名主管合作尝试提高分公司的业绩，然后再独挑大梁。但这位主管对我处处打压。我从未像现在这样害怕上班。我的状态很糟，连起床都很费力。我感到沮丧，努力尝试着去看积极的一面，但屡战屡败。当我们在公司共事时，他感觉受到了威胁，而我则感到窒息。

但我没有因此放弃，我的目标仍然是尽力帮助那名主管取得成功。我掌握了能辅助他成功的方法。我拟定了一份旨在提高产品利润的商业计划。渐渐地，情况开始好转。高级管理层的人注意到了这件事。六个月后，分公司的首席执行官打来电话，他对我说：“杰森，你干得不错，看起来你已经完成你在这边的任务了。”而那位主管则被忽略了。他失败了。

他人的支持是非常重要的。出色的工作业绩是你的筹码，但前提是人们希望你获得成功。你必须让他们注意到你的存在。我是通过拼命工作才换取到了高层领导的支持的。

分公司的首席执行官一直在关注杰森，总公司的首席执行官也注意到了他的表现。杰森晋升成为公司总经理，并最终成为一家主要分公司的联席主管。

启示

杰森知道他必须靠自己取得成功。他说："我知道你的上司可能很糟糕，但你需要搞清自己该做什么。没有人会白给你好处的。"但他们仍然可以为你提供支持。你的职场引路人能帮你出谋划策。他们会对你谆谆教诲，他们对你的爱是发自内心的。他们还会替你打通人脉。他们会保护你。杰森明白这点，因此每走一段路，他都会寻找引路人的帮助。

向职场引路人寻求帮助时，记住要努力传达出你想要取得成功，获得积极的影响力这一信息。努力工作，然后在表达时注意措辞，不要抱怨。杰森建议道："分享自己盲目的野心没什么用，但告诉对方你确实想取得成功，获得成长则是件好事。"像杰森学习吧，主动寻求帮助，然后给予帮助。每个人的成功都需要帮助。

即便是你的职场引路人也是如此。

成长要靠实力

> 从职场引路人的羽翼之下独立出去在感情上是很难接受的，这就像再一次长大离家一样。

特蕾西的家庭情况很复杂。她的父母在她还没出生时就离婚了。因此，她同时拥有亲生父母、继父母、一个亲姐妹、一个异父母姐妹和两个异父母兄弟。而这个大家庭中的女性成员给予了特蕾西巨大的鼓舞，让她敢于梦想：

我一直认为母亲只是一位辛勤工作的职工。直到上了大学，我才意识到我们家并不富有。我没有意识到母亲的付出和牺牲。她总能找到法子供我们吃穿，即便这意味着她要做两份兼职。我希望能让她感觉到她的辛勤工作得到了回报。这一信念给了我力量。

大学毕业后，我先去了一家汽车公司工作。那里有很多表现出色的女性领导，我也立志成为那样的人。我最憧憬的是公司的一位资深副总裁，她在会议上拥有最终发言权，她为这个公司的商业模式确立了基调。当她说话时，大家都会洗耳恭听。我就想成为这样的人。

后来，特蕾西在银行业站稳了脚跟，并顺利晋升为公司副总裁。尽管已经获得了成功，特蕾西还是觉得自己的终身事业不在这里，而在医疗保健领域，于是她决定从头开始：

我是从照顾生病的祖父那段时期开始和医疗保健系统打交道的。这个系统的现状让人眼界大开、震惊不已。我认为该领域的工作一定存在着更好的处理办法。因此，我考取了医疗保健的硕士学位。我申请了医疗保健系统的助学金，但两年内都得不到排队面试的机会。很多我在银行业中的前同事都认为我做不到，因为我没有医学背景，但这反而更激励了我。我讨厌听到别人说我不行。

当我实习的那家医院的主管被选为医疗保健系统的主要负责人后，她设法找到了一个系统内的岗位空缺，让我过去任职。我认为这标志着我的选择是对的，我获得了上帝的支持。从第一天上班开始，我就成了她的得力助手。她也是一位非洲裔美国女性，年近五十，事业有成。

一开始，她就为我创造了机遇和她一起成长。我们有着别人无法比拟的紧密联系。有些人就因为这一点不喜欢我。不过我一开始全职工作，就没有再让高级管理层将我视作负责人的小跟班了——我就是我，我努力向他们证明了我值得享有一名团队领导者应该享有的尊重。

高级管理层始终认为是那位负责人在保护我。我并不这样认为，但我也知道如果我一直不能被当作一个独立的个体来对待的话，我可能就该去别处寻找自己的机遇了。我犹豫不决，与那位负责人的关系对我而言很重要，而且我害怕我会在下一次失败。我又陷入了挣扎。

事实上，管理层注意到了特蕾西而且十分看重她出色的领导能力。作为对她的认可，他们后来将她升任为心血管部门的主任。

启示

职场引路人可能会为你创造你无法独自获取的机遇。同时，职场引路人的存在也可能会限制你的发展：他们的关注点可能会让你分神，他们的权势可能会让你放松警惕，帮助他们可能会耗费你过多的精力。特蕾西走过了一段隐形的职场钢丝，成功用实力说服了别人她具有独立性，同时没有破坏一段重要的引领关系。

我们很难改变他人的成见。一旦他人对你的看法业已成型，他们就不会再主动花时间改变这个看法了。为了改变别人对自己的看法，特蕾西必须展示自己独特的领导能力，获得认可。

此外，从职场引路人的羽翼之下独立出去在感情上也是很难接受的，这就像再一次长大离家一样，很令人伤感。你需要做的是珍视职场引路人为你所做的一切；当挥手告别时，对他报以友善和关心；保持联系，保持感激。毕竟，你正站在职场引领人的肩膀上。

最后，不要忘记成为自己的引路人。欣赏自己所取得的一切成就，与成长过程中经历过的所有艰难抗争挥手告别。

如何处理两难困境

> 坚信人与人相互关联，同舟共济，伊娃做了自己能做的唯一一件事：理解。

伊娃的祖母来自一个东欧国家，在偶然获得绿卡后举家搬到了美国。六岁的伊娃的生活从此彻底改变：

当你初来乍到，接触一种全新的文化时，你的世界一下子就变得面目全非了。我们刚来时不懂英语，没有工作，也不住在家乡人的社区里。我的父母完全陷入茫然。我们没有可依靠的关系。做每件事都像是负重爬坡。我们不清楚规则，从怎么看电视到学校几点关门都要一点点学习。而我只觉得很孤单，什么都不明白。

我的童年过得非常艰难，我在一个疯狂的家庭长大。我的父亲变成了一个酒鬼，整天乱发脾气。而我的母亲是个斗士，努力维系整个家庭的完整，因为我们需要父亲的薪水养活一家人。而容忍这一切让她付出了健康的代价。母亲的经历让我下定决心自力更生。

伊娃通过辅导儿童功课挣钱完成了学业。伊娃一位学生的母亲后来给她在自己公司的人力资源部门找了一份实习工作。渐渐地，伊娃取得了事业上的进步：

当时，人力资源部门的主管正在招聘一名办公室主任。面试很顺利，我被雇用了。我想，也许主管发现了我的长处所在，我能干好这份工作。我拼命学习，进步很快。别人对我的期望值也逐渐增加。后来由于公司准备进行组织调整，一位新领导被委任负责人力资源部门的重组工作，我向他报告了我的工作。

他邀请我参与部门的重组工作。我们浏览了成员名单，将员工的名字填入新分组的表格中。我注意到此前引领我入门的人力主管的名字不在其中。她为了培养我付出很多，并且她非常信任我。我感觉自己背叛了她，我不敢想象她会有多愤怒。

我的新上司问我是否能够接受让人力主管离职的决定。那一刻，我知道这位新任领导是在考验我。我知道他为什么这样做。新上任的领导都需要了解原来的员工是否能做到公私分明。我想他也许是想弄清我的态度——是从工作的角度出发做出客观公正的判断，还是感情用事。

此前，人力主管曾和我说她对重组后的机构感到很兴奋，并发短信问我是否了解更多的情况。而我只能告诉她我不能透露这些内部信息。当她被解雇后，她看着我说："你早就知道，是不是？"这句话仿佛是在我脸上扇了一巴掌。我在某种程度上向她撒了谎。她是公司的高级行政人员，如果能早点儿知道公司做出了这样的决定，她一定会据理力争的。

我必须弄清我的原则，进一步学习管理技巧，同时做到问心无愧。我知道公司的存在就是为了赚钱，而不是为了交朋友，我学会了接受这一点。能取得今天的成就，我真的非常感激他人的支持，但我自己也付出了足够多的努力。我的第一位职场引路人帮助了我，是因为我工作干得不错，值得培养。当她离职后，我一下子陷入恐慌，我想，糟了，我失去了她的支持。如果我仍然想要成功的话，我现在该做什么？

好在，经过一段时间的努力，克服了恐慌的伊娃将新上司转变成了她的新一任职场引路人。

启示

伊娃在是要选择保住自己的工作还是要维护前任主管的利益的决策上犹豫不决。她被置于一种两难困境，与在进入职场之初就支持她的人发生了利益冲突。她该怎么办？

也许伊娃可以在不损害和新上司关系的情况下拯救自己。这颇具挑战。每个遭遇同样困境的人都会感到进退维谷。伊娃的前任职场引路人对自己即将遭遇解雇一事毫不知晓。她的新上司则必须做出这个艰难的决定。伊娃对让人失望感到痛苦：无论是让她的前任职场引路人失望，还是让新上司失望，都不是伊娃想要的结果。职场的现实有时就是这么残酷和不公。这就是它的本来面貌。

坚信人与人相互关联，同舟共济，伊娃做了自己能做的唯一一件事：理解。

从追随者成长为引领者

> 优秀的职场引路人不一定是白发苍苍的行政高管。他们只需在前面引领你，为你创造机遇。

作为大学足球队队长，瑞克被美国职业足球大联盟（MLS）选中成为一名职业球员。他非常兴奋。但两个赛季后，他在赛场上受了一次重伤：股四头肌肌腱断裂。因此，当大学时的一个朋友给他介绍了一份媒体销售的工作时，他欣然接受了这个机会。在新工作中，瑞克发现这里也存在着他所热爱的体育精神——团队合作、竞争和获胜。他很快晋升到管理层，甚至还没来得及掌握管理技巧：

管理者们最经常犯的错误是，他们通过努力工作获得晋升坐上这个位置，然后试图将自己变成一个自己并不熟悉的人。通常他们会表现得很强势以证明自己与岗位的匹配。我就是这样做的。出于某种误解，我当时认为让人恐惧和害怕是实施管理的最佳方式。

局面很快就变得糟糕起来。员工们对我牢骚满腹。生产效率也并没有得到提高。当一名只会站在那下命令、用恐惧压制员工的管理者很容易，但这种方式不起作用。我开始进行其他的尝试。在之后的两个月里，我进行了转型。领导者需要尊重他们的团队成员，还需要注重为团队增加价值。我采取了 80 / 20 原则：80%的积极态度加上 20%的纪律。

我最不想要的就是在工作中有我没我都一样这种情况。我衡量成功的标准是，如果某个团队成员缺席了两周，那么整个团队的业绩就会因此受到影响。

瑞克一直注意保持自己的竞争力，他从一名单纯的主管转变为一名导师，最后成长为一名注重关心、培养下属的职场引路人：

我认为，将有潜力的员工纳入我的团队带领大家一起工作就是我的职场辉煌时刻。举一个例子，有一名员工已经和我一起工作五年了。我在他 25 岁时就雇用了他，我认可他的工作态度、解决问题的能力和积极进行自我调整以取得成功的经历。现代社会情况变化很快，在招募员工时你需要关注的是他们的学习能力，而不是他们已经知道了些什么。

一开始我聘用他是希望他负责销售方面的工作，但他真正想干的是运营。当然，这不是我所期望的。卖东西很容易，但运营很复杂。但他就像一块海绵，无论是参加会议，观摩他人的演示还是讨论问题，他都能够从中有所收获。很快他在运营岗位就变得如鱼得水了。他充满正能量，并且值得他人的信任。现在他已经开始管理一个有六名成员的团队了。

他就是这样一个值得信赖的人，我愿意和他作为战友一起投身战场，作为队友一起参加体育比赛，作为同事一起并肩工作。我们能够互相取长补短。我们就像阴和阳一样相辅相成。

当瑞克离开公司，去追寻自己建立数字化营销公司的创业梦想时，他的“被引领者”作为平等合作伙伴成为其公司的合伙人，负责整个公司的运营工作。以瑞克的成功标准而言，他们两人都很成功。

启示

很多人渴望让高级管理者作为自己的职场引路人，但瑞克在担任引路人时还处在中层，仍有很大的晋升空间。可见，优秀的职场引路人不必非得是白发苍苍的行政高管。只要能在你的前面引领你，为你创造机遇，他们就够格成为你的职场引领人。建立互信关系并逐步加深引领关系需要几年的时间。不要指望一经认识就会有人把机遇准备好给你。像瑞克这样的职场引路人最想要的是发现真正值得培养的人才。

引领关系是一种不断发展的双向关系。职场引路人在这段关系中既有付出又有收获，后者包括扩大自己的影响力，获得牢固可靠的协作关系以及对方的忠诚和陪伴，这些都是职场中常常被忽略的宝贵成就。

引领关系的核心是让双方都更上一层楼。

寻找职场引路人的行动指南

也许你也有几位你并不知道其存在的职场引路人，但别太指望他们。此外，等待某人跨过那道线——从只是在口头上表扬你的工作，到真正提供实质性的帮助以辅助你取得成功——需要十足的耐心。

但毫无疑问，你仍然应该对潜在的引领关系进行投资。经历了一开始的失败后，凯特找到了一位能指引自己事业发展的职场引路人。约书亚的职场引路人像守护天使一样伴其左右。弗朗西斯卡的首位职场引路人支持她离开不合适的岗位，并给了她一个更好的机会。杰森在职场引路人的不懈教导下成功应对了挑战。特蕾西的职场引路人引领她进入职场的大门，使她起步于一个高起点。意识到职场中引领关系的真正价值，伊娃在她的第一个职场引路人离开后，又为自己找到了新的引路人。

正如瑞克所发现的那样，职场引路人之所以帮助、提携他人，是因为这有助于他们自己的事业。而是否付出精力经营这些关系则取决于你自己，事实上这应该是你工作的重要组成部分之一。以下是一些经营引领关系的具体注意事项。

认清自身所需

你需要何种资源才能让自己获得进一步的发展？新的想法？人际关系？专业教练？关心、支持你的人？还是能拯救你于水火之中的英雄？并非所有的职场引路人所提供的帮助都是一样的：

- **确认自己需要的资源类型。**先想明白自己的目标和职业前景，然后搞清楚你需要谁来帮助你，以及你希望从对方那里得到何种帮助。不存在一个“完美的职场引路人”模型。你最好多接触一些人，这能增加你找到适合你的职场引路人的机会，同时减轻你的期望给每个职场引路人造成的负担。
- **找准你的欣赏和学习对象。**这和友谊无关。你不必喜欢对方或让自己变得和对方一样，你要关注的是学习和成长。如果你知道自己的兴趣所在，那就去寻找那些现在身处更高层次且和你拥有共同兴趣的人。如果他们拥有一项你所不具备的技能，或者他们展示出了一项你渴望拥有的能力，那就将他们列入你的接触目标清单。在一家小公司里，这样的人通常很容易找到。在一家大型公司里，你可能需要四处打听才能找到他们。记住，也要去关注那些和你没有共同兴趣的人，他们能教给你的东西可能更多。

- **提升自身价值。**职场引路人不可能在无法取得回报的人身上投入时间和精力。你必须符合乃至超出他们的期望值，而这仅仅是最初级的要求。他们还需要看到你的潜力。以一种合适的方式展示你的潜力；约束自己的野心，在工作中坚持公司利益至上的原则。此外，职场引路人会希望你能对新的体验持开放态度，并拥有对不同环境的适应能力。最后，职场引路人往往希望得到忠诚的支持者。他们想要的是能帮助他们自身取得更大成功的追随者，而这恰恰也是你想要的。

对潜在的职场引路人开诚布公

除非你本身就喜欢接触陌生人，否则你就得苦中作乐了。以下是阻碍你遇到你的潜在职场引路人的一些警示信号：寻找借口（“我害羞，我不喜欢见陌生人”）；过于关注对方的缺点，总是抱持批评的态度（“这个家伙不行”）；无法找出时间（“我工作太忙”）。如果你意识到自己正在做这些事，那就去探究一下阻碍自己的因素：

- **见见陌生人。**在常规的工作圈和朋友圈之外，试着接触新的人。试试以下做法。
  - **工作场合。**通过提出真正的好问题开启和对方的谈话。提前来到会场或结束后多留一会儿。赞美别人的优点。如果你的态度足够真诚，就不会显得惺惺作态。多数人都喜欢听到别人有的放矢的表扬。注意不要用虚假的甜言蜜语欺骗对方。

- **社交场合**。和对方从闲谈开始。去了解他们的家人、兴趣或工作，表现出来自己对对方的情况真正有兴趣。让他们主导话题。

- **确定潜在的职场引路人，从自己的上司开始**。抱有开放的态度，借助相关标准评估你的上司（或另一位公司内部的资深人士）是否可以成为你的职场引路人。
  - **评估对方的态度**。对方相信你富有潜力吗？他愿意在你身上冒险吗？如果答案是否定的，找他们聊聊，试着找到原因。你也许需要在现在的岗位花上更多的时间来成长。如果他给出的理由是客观事实，那么认真倾听。如果你感觉对方在回避你，那你也能意识到他们不看好你。
  - **互惠互利**。你们之间是否能建立一种以相互尊重、支持为前提的互惠互利的关系？互惠关系往往更加持久。也许你的上司有些挑剔，但看看他是否会定期对你的工作表现给出反馈，让你更相信自己，工作起来更有动力？只想着索取（而耗尽了你的能量）的人当不了你的职场引路人。
  - **认可你的贡献**。那些不承认你在工作中做出的贡献的上司绝不会付出自己的精力帮助你。另一些上司则更具战略眼光，他们会认可那些奋力进取的人所做出的成绩并予以回报。只要你的上司认可你的付出并回报以信任，这就意味着他可能是你的潜在职场引路人。你的转机一定会在未来的某一刻到来。

经营引领关系

现在你应该已经找到了一些合适的职场引路人，这意味着你接下来必须花时间经营好和他们的关系：

- **认清关系的本质。**双向的关系需要你投入更多的时间、忠诚，承担更多的责任。从小处着手。在向他们提出请求之前，先想办法为你的潜在职场引路人提供帮助。互惠互利是职场法则。另外，注意关注潜在职场引路人的长处所在。有时，资深人士也会犯错。除了价值观方面的分歧，小的瑕疵能让你的潜在职场引路人显得不那么高不可攀。
- **谋划你的互动方式。**互动形式可以是共进午餐也可以只是在走廊里聊几句。每一次，你都需要借此机会让你的职场引路人充分理解你的目标和你的需求。这是你的责任。制订一项日程，搞清自己对每一次互动的期望值，并考虑好下一步行动。每次谈话结束前，问问对方的想法（“我们实现你的目标了吗？还有什么补充想法吗？”）。这永远不是你一个人的事。
- **感谢你的职场引路人。**和他共享你的所学所得，并记得感激他们提供的帮助。人们能分清真情流露和敷衍了事。此外，不要向职场引路人宣泄你的情绪或让他们感到厌烦，职场引路人不是你的家人。

找准自立门户的时机

如果你和你的职场引路人在工作上关系紧密，那么自立门户将是很困难的，但当合适的时机来临——职场引路人因为帮助你而得到了切实的好处，那么及时独立门户也是非常重要的。记得要优雅地挥手告别：

- **在领域外拓展人际关系。**如果公司正在找人负责你原本工作范围之外的任务或项目，主动请缨。这是拓展人际关系，发现新的潜在职场引路人的正常途径。你的职场引路人会为你的主动性感到骄傲。
- **转换环境。**如果你的上司就是你的职场引路人，尽量找机会去其他岗位轮值，即便是暂时的也行。向你的上司咨询他对你的未来发展有何建议。去一个新的领域或部门工作能帮你建立新的关系，并逐步培养自己的独立性。

- **保持联系。**从职场引路人的羽翼下独立门户并不意味着断绝关系！试着找到其他的方式展现你对职场引路人的尊重和感激。让他知道你的近况。职场引路人对你的投资是针对你在事业上的长期成功的。随着工作时间的累积，你能更清楚地感受到他们对你的帮助有多大。拿起电话联系他们吧。

超前投资

你也可以成为一名职场引路人——这值得一试。你得到的报偿将远大于你的投入。一旦发现符合你期望值的潜在培养对象，就大胆试试看吧：

- **开启一段旅程。**人们都是通过经历新的环境和情况来获得新的技能，从而得到成长的。
  - **避免批评。**决定好如何充分发挥对方的长处，展示你对他的信心。这很简单：清楚地表明你们是同一个团队的。
  - **统筹好机会的给予。**一些人总是希望从你那里得到更多的机会，还有人则总是抓不住机会，这些情况都需要你的干预。如果对方胃口太大，眼高手低，那么和他进行一次诚恳、交心的谈话。如果对方总是做事犹豫，那就表达你对他的信心，让其鼓起勇气。
  - **敢于冒险。**确保你所提供的成长环境或体验途径符合培养对象的利益。有些职场引路人不善于给对方提供成长机会，因为他们附加了对方必须百分之百取得成功的限制条件——但谁能永远成功呢？
  - **把他推下飞机。**——当然是在对方带着降落伞或者下方有安全网的情况下！你也在同一架飞机上，所以你也要勇敢地跳下去。是否要增加培养对象的成功机会取决于你。

- **让大家知道**。确保培养对象的表现有目共睹。落实这一点，向他人展示其工作业绩显著提升的证据。
- **帮助你的培养对象自立**。你的培养对象在人身上并不依附于你，记住这一点。他们不应被视作你的跟班。他们的成功自立会将你衬托得更加优秀，也对你取得更大的成功有所帮助。这证明了你的自信和领导能力。

有些人由于抱有某种偏见而不得不只靠自己的努力打拼取得事业上的成功。但为什么非要独自前行呢？加入职场引路人的队伍能极大增加你的成功机会。有一支真心希望你成功的团队在背后支持你，那种感觉将是非常美妙的。

/ 第八章 /
向前一步，拿出勇气做事

通过站出来大声发表自己的意见来展示自己的才能是一种挑战。最常见的形式是在小组会议上分享自己的独特观点，更困难一些的是在同高层领导的讨论中坚持自己的方案，再往上则是在市政厅表明自己的政治立场，或在公共场所面对你的所有同行们发表革命性的演讲。勇敢地站出来，无论是在私下里还是在公开场合，都是一种挑战。

安妮对聚光灯并不陌生。她拥有一种自信的气场。她出生在加拿大，她的父亲在一个偏远地区经营着一份小买卖。父母离婚后，她身为外交官的母亲在日本将她养大。这段经历让安妮认识到世界之广阔，并很早就具备了自立的能力。她以母亲为骄傲，因为她的母亲曾主动请缨到多个动荡不安的困难国家担任大使。在母亲的熏陶下，安妮在自己工作的咨询公司启动了一个堪称革命性的培训项目：

这是我负责过的重要级别最高的项目，而且是我的第一个没有资深人士在旁边指导的大型项目。我的朋友和我分享了他的点子，我立即行动起来加以落实。有想法很重要，但好的落实才是关键所在。我们的志愿小组为 100 名职场新人打造了一种全新的培训体验。我们还要招募 20 名资深员工和中层管理者参与进来对项目进行推广。

我们达成了共识，对于在小组中资深员工和初级员工的工作分配上一视同仁。准备工作花费了数月的时间。我当时还在负责一个位于巴西的工作项目，而我只能在 10 个小时的飞行航程中处理那个项目的工作。

最后的两周时间里，我每天彻夜工作。我们花费了大量的时间和精力激发了参与者对这个培训项目的兴趣，以确保他们能够准时出席——让员工们在周末参加公司的活动可不容易！我们知道，这个项目的最终成功其关键就在于参与者能抱着乐于学习的态度加入进来。

最终，我们圆满完成了任务，在两天的活动结束之前感谢了参与进来的每一个人。我们得到了整个团队经久不息的掌声。

这是我第一次作为领导者运作一个项目，我的感觉和以往执行上级指示时的感觉截然不同。每天早上，我都会召开一次碰头会，向高层领导汇报当日的工作安排。我像对待我的团队成员一样对待他们。一位领导曾说："职场新人是不会用这种语气和公司合伙人说话的。你表现得太棒了！"在几次会议后，一些欣赏我的做法的高层领导帮我搞定了我下一步的工作。

回顾这段经历，我发现采取这种做法真是一个明智的决定，要不然我根本不可能得到那些看起来似乎高不可攀的高层领导为我的后续工作提供的帮助！这步棋简直改变了整个局面。

管理层认为每个青年领袖都应该像安妮这样泰然自若，能够在领导面前表明自己的立场，用平等的态度商讨工作事宜。

然而事实并非如此。

即便是专业演员，也会对走出幕后站到舞台中央感到恐惧。很少有人天生就能适应大场面。我们必须先对可能出现的刁难预做准备，反复进行彩排。关键在于，你首先要敢于大胆发声。同时，使用正确的表达方式也很重要，这涉及你说话时的情绪、语音语调，说话的速度、节奏和停顿。知道何时该保持沉默也同样重要。

其次，你发声的方式最好能与你的形象气质保持一致。我承认，我讨厌"领导者气质"和"打造个人品牌"这样的词汇，它们让我直起鸡皮疙瘩，毕竟你并不是一个被包装好的商品。你的价值来自你的工作表现和别人对你的评价。在别人眼中，你是一名充满自信、让别人愿意跟随的领导者吗？这始于你自己想打造一个怎样的形象。这种形象或气质体现在你的自控力、你的走路姿势、你的站姿和坐姿、你攻坚克难的能力、你的工作态度以及你与在座每一位团队成员的关系。在各个方面都表现突出才是真正的领导者气质。

在发表自己的观点时记得将你有意选择的表达方式与领导者气质结合起来，这将调动你的全部力量。如果你能出色地做到这一点，这就相当于向那些公司中的大人物传递了一个积极的信号：你可以做得更多，做得更好。不相信吗？看看那些知名的演说家。如果他们名副其实，在听过他们的讲话后，你会迫不及待地响应他们的号召采取相应的行动。

站在管理者的角度审视自身，你的沉默可能会被理解为无法融入工作环境，你的犹豫可能代表缺乏自信，你的不适应可能标志着你缺乏成长的潜力，你的过于随意的坐姿可能显示了你的傲慢。在发表自己的观点时过于粗鲁无礼可能会造成误解，打断别人、语速太快或废话过多也会造成同样的负面效果。是不是觉得要求太高，难度太大？好在，发声的方式和形象气质是可以学习和培养的。正如下面的故事所揭示的那样：

- **是什么真正阻碍了你说出自己的看法？**自小就患有严重的语言障碍，马丁从没想过别人会愿意倾听他的意见。
- **挺身而出需要付出何种代价？**被告知应该开始考虑离职之后，乔伊选择了坚持下来，证明了他们的判断是错误的。
- **你如何做到为自己发声？**意识到没有其他人能替他承担责任后，贾里德勇敢站出来为自己发声。
- **怎样做才能成为领导者？**带着在全世界闯荡的强烈愿望，赛肯的职业生涯起步于土耳其，并从那里踏上了自己一路成长直至成功的道路。

- **怎样锻炼自己勇敢站出来的能力？**布鲁斯有很强的独立精神，他学会了如何勇敢质疑以争取最好的结果。

学会质疑、勇敢发声是工作和生活的重要部分，对所有人来说都是如此。我们都想受到重视，得到尊重。我们都希望自己存在的意义被认可。

困难之处在于：站在舞台中央、聚光灯下去承担责任，接受他人的注目和审视。我们周围的每个人都在观察和倾听，在社交媒体上也是如此。让自己被他人看到和听到也需要勇气。无论是你本身就很积极外向，充满激情，还是你对此类局面根本无所适从，只想转身逃跑，这件事对任何人来说都是一个巨大的挑战。因为一旦你跨越了那道分界线，你就从此正式走上了成为一名领导者的道路。

不是只有大人物才能站出来，这件事与你的职场角色无关。

凭借后天努力克服先天障碍

> 自我怀疑会毁了你的自信心，转变自我认知是一个漫长的过程。

一家金融投资公司的人力资源部门主管极力推荐马丁接受我的采访，她对马丁印象极佳：“你一定会喜欢他的！”她接着道，“他是独一无二的！”你要知道，对马丁的专访导致我的另一场节目被迫延期：

我从四五岁时开始出现语言障碍。我之前没有想过自己真的能去上大学或者工作，因为我觉得这对我来说是不可能的。我充分意识到自己不是那种能主动去和别人交谈的人。

后来为了证明自己，我努力让自己变得爱说话。我不再允许语言障碍或者其他因素妨碍我说话。

在大学的模拟法庭小组活动的经历让我开始意识到，也许我可以成为一名专业的演说家。

语言障碍困扰了马丁很久。其他人可能更担心自己在工作中多说多错，马丁则担心自己无法清楚地表达观点：

我担心的是，如果别人发现了我的语言障碍，我可能就会被认为不够资格或没有能力从事这份工作。在工作的第一年，我真的认为自己随时可能会被开除，我能被雇用完全是一种侥幸。当然，现在我知道事实并不是这样。

我很快就被委以重任。几个月后，我越来越难以维持自己回避语言表达的做事方式了。我开始接听电话，并且能够说出“你好，我是马丁”了。向别人说出我自己的名字对我而言一直很难。转变是慢慢发生的。我的自卑根深蒂固，尽管已经有很多证据证明了我能行，但我的心态仍然很难改变。直到现在，我仍会时不时地怀疑自己是否真的能行。

马丁的转变是如何发生的？他抛弃了自己原有的思维模式，不过新的思维模式并非水到渠成：

对我而言，我首先是意识到了改变将是一个长期的过程——对缓慢的进展感到沮丧是正常现象。这就像是去健身房健身。你无法在短时间内就练出大块肌肉，你必须持之以恒，这样终会见到成效。我真的不相信有什么秘诀或者窍门。“标签效应”看起来多少有些效果——我已经知道自己足够优秀了，但问题是即便我给自己贴上了“优秀”的标签，我也不可能仅仅通过把标签上的字读出来就将这种心态内化，没有这么简单。

你需要继续努力工作，让自己相信其他人早已认可的事情。我总是觉得自己可能在某件事上表达得不够清晰——我会对此感到担心，然后去寻问其他人觉得如何，但没人对我提出任何批评，他们都对我说："你做得很棒。"我所秉持的一些看法仅仅来自惯性思维，并不正确。分析性的思维方式可能适用于处理工作事务，比如区分出对于一次会议讨论而言存在哪些影响因素，但不要把这种思维方式用在评价自己的工作表现上，这样做只会适得其反。

我见过和我有着同样担心的人。我可以肯定，随着不断成长，我现在的一些担忧在未来也会变得无足轻重。这样的转变我已经很熟悉了。

对一个过去认为自己上不了大学、找不到工作的人来说，马丁无疑很好地展示了他应对挑战、不畏发声的勇气。

启示

我们所持有的一些根深蒂固的观念限制了我们自身的眼界。语言障碍是一种现实困难，但自我限制的思维模式更具危害性。马丁改变了自己原有的思维模式——"别人不会认可我说的话"，他的境遇从此得到了改善。但思维模式很顽固，不存在一个简单的转换按钮。你必须持之以恒，专注于欣赏甚至享受转变自我的过程。

自我怀疑会毁了你的自信心。在开始尝试着转变自己的思维模式很久之后，马丁还是没有完全丢掉过去的自我认知。这是一个漫长的过程，你先是要锻炼出新的肌肉，然后是要适应新的自己。随着你改变自我的进程逐步向前推进，问问周围人的看法，这样做可以提醒他们注意到你正在发生的变化。他们的反馈对你来说将是有力的证据。很快，你就不会再将自己视作能力不足，没有资格站在人前的那类人了。

现在，你已经重生了！

让别人看到你，然后重视你

> 不要自欺欺人。如果你想在工作中取得进步，这个过程必然伴随着痛苦。

乔伊的父亲饱受高血压和肾病的折磨。为了挽救乔伊父亲的生命，她的母亲捐了一个肾。父母的做法让乔伊相信，凭借雄心、坚毅和爱她可以应对任何挑战。学校是她检验自己信念的第一个场所：

我是社区小学的尖子生。后来，我升入一所初中，那里的学生来自城市各个区域。那是一段痛苦的时光。七年级是我上学以来最难熬的一年。我流了很多眼泪。

我很沮丧，因为我的学业跟不上课程进度。我变成了一名差生——我对此很不习惯。我可以选择辍学——学校里大约一半的少数族裔学生都辍学了，但选择坚持留在学校让我预先适应了我在未来也一定会遇到的挑战性环境。这迫使我登上了一个新的层次。面对挑战成了我的家常便饭。

乔伊的梦想是设计飞机，她尤其对飞机发动机感兴趣。她运气不错，大学时就进入了一家航空公司实习。很快她发现，从参与设计飞机发动机的一个小零件到主导整个发动机的设计，需要大约20年的工作资历。因此，当一家消费品公司伸出橄榄枝时，乔伊抓住了这个机会。她一毕业就去了这家公司上班。

很难想象乔伊的事业会不成功。然而，一个针对非裔新员工的培训项目让她陷入窘境：

我是小组里得分最低的员工。培训协调员对我说："你恐怕无法在这家公司有一个好的表现。你的主管肯定已经告诉过你，你不适合这份工作。你可能该考虑找找其他的工作了。”在培训过程中，我一直在保持沉默，而这被培训主管认为表明了我无法融入其中，缺乏参与度，我对讨论主题不感兴趣，无法提出任何新的点子。这不是智力问题，而是态度问题。

这太糟糕了！回家途中我哭了一路。

协调员说我的白人主管对于给非裔下属以工作评价这件事很抵触，但第二天我还是主动询问了我的主管我到底表现如何。出乎我的意料，主管对我说：“你在说什么呢？你干得非常不错。”他给我举了例子，都是正面的典型。但我并不是很相信他的说法，我想，也许我的主管只是担心对我做出负面评价可能会惹来争议吧。

我注意到自己的工作风格与其他人非常不同。我是一个极端内向的人。在会议上，我很少发表自己的意见。我通常的做法是认真思考，在会后直接将我的想法报告给我的主管。

乔伊深陷困境，害怕自己不适合这份工作。但接下来的六个月，她努力工作，用实力证明了在培训中得到的低分是个错误：

我广泛接触公司中各个部门的同事，和一些与我的工作没有直接关联的人也建立了联系。我向他们请教各方面的问题，并得到了指导。我原本是一座孤立的岛屿，但现在我搭建了许多桥梁。

大约一年后，主管让我负责一个关键项目。我想如果这个项目进展得不顺利，那就明确说明了我不适合这份工作。但主管开始让我参与高层会议，这让我转变了想法：很明显，我已经被视作团队中的重要贡献者，公司看重我作为员工的价值。

就这样过去了一年，在一次主管也有出席的与外部合作伙伴协商方案的工作会议上，我作为会议室里职级最低的参加者，对此前双方协商的合作计划表示了强烈反对，然后说出了我自己的建议。同样参加了该会议的一名采购经理对我的主管说："乔伊真是个厉害角色！"而我的主管回应道："当然，她是我们团队里能力最强的人。"这是第一次我确定地想：我表现得太棒了！那天我高兴得心花怒放。

现在，乔伊发展势头良好，在公司工作了八年后，她晋升为一名优秀的品牌经理。

启示

乔伊需要那次被培训成绩唤醒的机会，去面对阻碍自己前进的恐惧。她本可以选择放弃，到别处去寻找一个氛围更加轻松的企业开始自己的第一份工作，但她接受了那次负面反馈，直面挑战。

你在团队中做的每件事，无论是发表意见还是保持沉默，是采取行动还是无所作为，都是一个信号。我们大多数人都太过专注于具体问题，而忽视了我们的行为所传递出来的潜在信息。情况就是如此。除非大家都很了解你，不然他们不仅会评价你完成任务的表现，还会观察你是否做好了承担更多领导责任的准备。

不要自欺欺人。如果你想在工作中取得进步，这个过程必然伴随着痛苦。做好在工作中学习和成长需要你走出舒适区的准备。对乔伊而言，她不得不构建起沟通的桥梁，重塑了她的整个人际关系网。这需要调动乔伊的三种力量——雄心、坚毅和爱，再加上勇气。

最后一点提示：这并非一朝一夕之事，在改变之途，你要面对的困难很多。每一天，你都会遇到很多巩固现有人际关系或开启一段新关系的机会；每一次会议讨论，你都有一次站出来发表自己意见的机会。随着不断历练，你会对这些情况更加得心应手，就像骑自行车——一开始无比艰难，但最后乐趣无穷。

鼓起勇气，为自己发声

> 可能你得到的答案是“不”，但你已通过提出要求改变了自己的处境。提出要求的人总比沉默者收获更大。

作为兄弟姊妹六人中年龄最大的一个，贾里德有很强的责任心。他埋头苦干，努力工作，渴望成功——但同时也对稳定的生活有着强烈的需求：

七年级以前，我一直接受的是家庭教育，多数时间都和长辈待在一起。当我提出自己想去学校上学的想法后，我的父母让我上了两年私立学校，之后又去了一所公立高中。这些经历——在三种不同的环境中取得成功，同时保持了自己的个人特质——给了我自信。我渴望连续性和稳定性，但我也不害怕那些必经的过渡。

我的父亲是一名独立工作的软件开发顾问。在我的成长经历中，生活充满了动荡。这就是我为什么总是倾向于选择在大公司工作，因为我希望确保公司明天不会倒闭。确信自己有一份稳定的工作，才能让我对各种工作经历抱持开放的态度。这会让我感觉我的生活是可控的。

在一家公司工作了两年后，贾里德在工资水平提升和职务晋升上遇到了瓶颈。他一直是一名优秀的员工，努力工作，同时相信一切安好：

领导对我的评价很好，我也知道自己的贡献得到了肯定。但我的工资一直没有什么起色，也不曾得到晋升。我感觉自己受到了欺骗。我的工作业绩和高我两级的人比也不落下风，10%的加薪完全是合理合法的。我意识到，现在我必须为自己争取了。

这件事做起来令人难堪。我从未想过自己会面临这种情况，也很难接受没人关心我，为我确保我的付出有所回报这一事实。我去了领导办公室找他谈话，我直言："我很感谢您一直以来对我的好评，而且我的客户给我的反馈也都很棒，但这些没有在我的薪水中得到体现。刨除通货膨胀因素，我现在的月薪只比刚入行时多了不到 2000 美元。"

我可以看出他很惊讶。他说："你说的不错。我会调查一些具体情况的。如果你没有收到我的反馈，一定再联系我。"离开的时候，我感觉自己重新掌控了局面。现在，他知道了我不开心，我成功地传达了这一信息。我还感到愤怒，这种情绪让我克服了谈话时的尴尬。

我后来又找了一次领导。我当时已经做好了离职的准备，不过在得到了合理的加薪和升职后，我决定继续留在公司。我认为这场小风波不值得我冒更大的风险了。

学会为自己争取让贾里德受益良多。不久，在跳槽至另一家金融机构之后，他晋升为通信部门的副主管。

启示

并不是每个人都有勇气与领导公开讨论自己的报酬和业绩表现。这会让人感觉突兀，还有可能造成破坏性的影响。但这是工作的一部分。你的优秀表现给了你为自己发声的底气。当然，你必须掌握好尺度，避免引发反面效果。

你可以通过强调你对公司的价值，让你的要求显得合理而公正。管理层不是必须要注意到某位员工是否需要涨工资或者升职，但他们一定想要生意兴旺，而你的贡献则关乎它能否实现。你的工作业绩越好，你的要求获得满足的机会也就越大。

一个令人悲伤的事实是，与主管讨论自己的报酬和业绩表现对职场女性而言更困难。如果你是一名女性员工，为了提高成功率，你可以事先彩排一下整个对话。你可以在不遭到误解的前提下得到你应得的。你需要坦诚、客观、积极地描述你的看法。如果你能够清楚地说明你的要求对于公司的好处，以及对于你自己的合理之处，你就应该采取实际行动了。也许你得到的答案是“不”，但你已通过提出要求改变了自己的处境。提出要求的人总比沉默者收获更大。

经过那次谈话，贾里德得到了成长。在鼓起勇气为自己发声的过程中，他不得不拿这份稳定的工作来冒险，而这让他感到焦虑。但通过为自己负责，贾里德获得了独立的能力。

如果你问我怎么看，我会说这样的交易很划算。

把握机会，登上更大的舞台

> 对一件事的运行方式刨根问底需要勇气，而脚踏实地地去做、去改变还要更难。

赛肯是家里的独生子，在伊斯坦布尔长大。他的父母工作很忙，常常很晚才从银行下班回家。因此，赛肯从小就要学会自己照顾自己。但相应地，他也收获了一份宝贵的礼物：独立性：

我学着自己做决定，采取行动，并承担由此产生的后果。我成功学会了自己做饭，而没有让家里着火！

就拿做薯条来说。我是学着母亲的样子来做的。我记得她没把用过的油倒在水槽里，但我忘记她到底倒在哪儿了。我想出了一个点子，把油从窗户泼进了楼下的花园。我们当时住在一幢公寓，邻居会在花园里晾衣服，而我倒的油把衣服烧着了。为此我赔上了自己两个月的零花钱。

独立性激发了赛肯的好奇心和冒险精神。他拿着奖学金去法国读了大学，之后又去美国读了工商管理硕士，后来在多个国家的咨询行业积累了工作经验。回到土耳其后，他加入了一家金融服务公司的产品管理部门，面对的是在不景气的市场环境中实现业绩增长的艰难挑战：

我对于银行客户要么提供我们公司的金融产品要么提供竞争对手的金融产品，而不是将两者搭配在一起提供给他们的客户这件事感到很奇怪。我开始尝试着找出原因。我向银行客户介绍了其他国家的金融服务公司的金融产品，还帮这些公司在土耳其发布了新的本土化产品。

之后我将这一方法拓展到其他国家。我进行决策所依赖的数据是其他人之前不曾用到的。高级管理层开始让我管理更多国家的金融产品业务。最终，我带领一个 7 人团队接手了 20 多个国家的业务。我学会了如何以身作则，以及如何管理团队。我的做法为自己在行业内赢得了声誉。

就在这个时期，赛肯的上司在欧洲总公司的领导推荐他去拓展美国的业务，并为他提供了一个美国分公司的管理岗位。在给赛肯打电话时，这位总公司的领导刚刚调到纽约工作：

我坦率地对她说："我愿意去，但我一点儿也不了解美国市场。"她告诉我，这个职位目前有好几位候选人竞争。如果我最后没有被选上，那说明我肯定还需要学习更多的东西。因此我提出了申请并去纽约进行了面试。我在面试或客户见面会中并不紧张。我为这次申请做了充分准备。我会问自己非常具有挑战性的问题然后想出如何回答。对于这次机会，我感到非常的高兴和兴奋，感觉自己受到了眷顾。但当我回到家时，我告诉我的妻子，他们也许可以更轻松地从纽约找到合适的人选，而不是大费周折地从土耳其把我调过去，毕竟签证流程很复杂。

在乌克兰的一次客户见面会结束后，我接到了纽约方面打来的电话，我得到了这份工作！我很高兴但也颇感压力。我从没想到他们会给我这样的机会，毕竟，将我就近调动到欧洲总公司可能还更合理一些。

尽管得到了新团队的帮助，赛肯还是遭遇了有史以来对他领导能力的最大挑战：

我现在负责带领一整个产品销售团队，因此我想和他们每个人见面，了解他们对我有什么期望。我想和他们携手工作，获悉他们的目标、工作方式及所有的一切。在和他们接触时，我只希望自己能待人真诚，并且做我自己。我试着传递出我的正能量，向他们表明我们是一个团队。

我的团队成员告诉我，我很坦诚，丝毫不掩饰自己。过去的主管从来没有这么做过。而我则表现出了对他们的尊重，以及在专业领域上的求知欲，一心想要向他们学习。我对此并不羞于承认。对于美国市场，他们的经验比我丰富许多。如果他们愿意耐心给我讲解，我会全神贯注地倾听。我总是抱着学习的态度。

你越和别人接触，你的眼界就会越开阔。你会意识到许多问题的答案并不是简单的对与错。你会变得更加开放，不再想要狂热地支持某一种观点而排斥另一种。你的判断力会得到有效提升。

一步一步，赛肯升职为公司的高层领导——并且仍然渴望探索这个世界。

启示

赛肯将对自己领导能力的每次挑战都视作学习和找到创造性解决方案的机遇。好奇心可以让你呼吸到新鲜空气。对事情的运行方式刨根问底需要勇气，而脚踏实地地去做、去改变还要更难。

赛肯还有一件秘密武器：他的团队。他们帮助他评估了新接手的业务，帮他顺利进入此前他知之甚少的美国市场。赛肯积极吸收了团队成员所提供的一切，还能一直不懂就问。他和他的团队真是绝妙的组合！

学习型思维是这个故事的闪光之处。这种思维促使赛肯去挑战土耳其的行业惯例。这也是赛肯每周五都会回顾自己的本周心得的原因。他说："我会问自己还有哪些地方能提高。我希望在未来的10年内获得成功，但如果我只是埋头工作，我是不会实现这个目标的，因为我可能会付出在人际关系上失败或身体垮掉的代价。这也是很成功比极端成功要好的原因。"和他的父母一样，赛肯也是一个快乐的工作狂，但他也确保让自己拥有一个完整、平衡的生活。

顺便一说，学习为他的妻子做玛格丽特鸡尾酒，也在他每周完善自我的计划之列。

独立思考，勇于表态

> 在站出来发表意见之前，先尽可能降低自己所要承担的风险。在质疑之后提出自己的解决方案就是一种方法。没有人喜欢只会提反对意见的人。

布鲁斯的声音听起来很自信，很有说服力。我很想知道他的信心来自何处。出生在新英格兰的一个小镇，布鲁斯将自己的童年描述为"波澜不惊"：

我总想干点儿大事，并且乐于接受挑战。我从小就争强好胜。我的弟弟比较有运动天分。而在发现了他更擅长体育之后，我的好胜心就被激起了——在此之前我从没有关注过体育运动。我总是强迫自己面对富有挑战性的局面。

在成长过程中，我有很多可以把握的机会。学业很轻松，老师们的课也教得不错，我会在上课期间做作业，这样我就能留出更多的课余时间做自己想做的事了。

我母亲说我总是让她头疼，因为无论她说什么我都想反驳。而我告诉她："如果你想让我照你说的去做，你就得摆出事实或讲出道理。"可见，从那时起，我就能勇敢表达自己的意见。

高中时，布鲁斯就跟随父母在一家医药公司实习。人力资源部门劝说他在离公司总部不远的一所大学修计算机专业。他听从了这一建议，并且利用课余时间干了一份夜班的兼职工作。大学一毕业，他就加入了一家信息技术公司。

十五年后，布鲁斯成了公司最年轻的副总裁。他能得到这么快的晋升可不仅仅是因为他工作努力。坚持自己的立场，勇敢站出来是他的成功秘诀：

我们公司当时正在开展和另一家公司的合并业务。对方的信息技术顾问介绍了他们的合并方案。在提案中，他们将接管我们的整个信息技术基础架构运维部门。他们说，公司合并后，我们的管理层就不用再负责基础架构运维方面的业务了。而我想的是，很好，那我的工作也没了！我觉得可能是失业的恐惧驱使我站出来的吧！

我的提案与对方的完全不同。我相信我们自己可以搞定基础架构运维方面的工作。我的计划更具可行性：对公司而言，这一方案投入更少，同时也能带来更高的合并效应。这是我职业生涯的转折点。公司高层放弃了业务外包，转而让我负责公司合并后的信息技术基础架构运维方面的业务。这次会议的一周之后，我就坐飞机前往德国开始谈业务了。这是我第一次离开美国，也是我第一次被委任负责管理一整个部门。我担心有人会发现我其实根本不知道该做些什么。

作为信息技术基础架构运维部门的负责人，布鲁斯审查了整个关于公司合并的提案。他觉得此前合并顾问给出的提案十分荒谬且脱离实际：

每个人都说："你应该支持这一提案。"而我一直在试图找到一个有常识的人，一个能意识到在目前规定的时间内依据这个提案根本不可能完成合并的人。但我实在找不到和我持同样观点的人了，我觉得自己必须采取行动了。于是我给一位高层领导打了电话。我先向他介绍了自己，之后对合并的几个关键步骤提出了问题。我告诉了他我的想法。他开始认真倾听。最后，他们改变了合并的时间表，并让我全权负责合并计划。你知道吗，10 年后他仍然记得当初我打的这个电话！

对于同样的客观事实，如果别人提出了你也能提出但你没有提出或不敢提出的问题，你就应该想想为什么了。你可能无法掌握全局或知晓全部事实，但不要害怕说出你的看法，如果你也想为公司或团队出一份力的话。我对别人对我的评价高度敏感，但我不会让其阻碍我做正确的事。

你可能在想，一个人在这么短的时间里冒险两次已经够多了，但布鲁斯没有就此停下脚步。他主动要求参加一次高层会议，并在会上第三次发表了自己的不同看法，尽管他的直属上级曾提醒他保持沉默：

一家信息技术供应商提出了研发某项新工具的构想，整个计划听起来很美好。会议主席就此征求大家的意见。每个人都低下了头，没有表示反对——大多数人想的都是希望自己不会被叫到！而我主动发言，说我们已经有这样的工具和相关的执行方案了，真正的难题在于用正确的方式把这些工具整合起来，发挥出它们的价值。

主席看了看我，问了我的名字。我向她介绍了自己，之后她说："那么此后相关的项目我就让你来负责了，你一定要保证做出成绩。"正好，我一直致力于超出他人对我的预期。

会议主席，也就是公司的首席执行官在会议结束之后就给布鲁斯升了职，让他今后直接向她汇报工作。

启示

布鲁斯的雄心勃勃和独立思考令人振奋。如果这种特质正是你所向往的，那么请注意我下面要说的话：我并不赞成随意妄言。在表达观点时一定要注意分寸，你的意见必须经过深思熟虑。在站出来提出反驳之前，确保自己真正做好准备。

你可以先从将自己的利益与公司的利益保持一致开始。这么做能带来双赢的结果。不要去考虑别人的看法。有时他们根本就是大错特错。如果你认为自己是对的，那么先理顺逻辑，并找到事实依据。如果别人的观点足够有说服力，那就接受并表示赞赏，然后改变自己的看法。

在站出来发表意见之前，先尽可能降低自己所要承担的风险。在质疑之后提出自己的解决方案就是一种方法。没有人喜欢只会提出反对意见的人，坦白地说，这种人只会让人火大！最好是用更委婉的方式说出你的看法，比如提问题等。抱持尊重他人的态度也会让你的发言得到更好的效果。言行一致，按照自己提出的方案脚踏实地去做，然后好事就会发生。

做好准备。站出来勇敢发声可能会给你带来你意想不到的机遇。

勇敢向前一步的行动指南

随着成长，你迟早会遇到需要自己站出来勇敢表态的时刻。你可能已经这样做过了。还记得每个人都退缩不前，而你挺身而出的时刻吗？是不是觉得这很有挑战性？恭喜你做到了！

本章中这些主人公勇敢发声的故事展示出了他们内心的理想与自我怀疑之间的对抗，既希望融入其中又渴望出人头地的矛盾。这也是站出来为什么这么困难的原因所在。像“放手去做”这样肤浅的建议对此没什么帮助。安妮看上去应对自如，但那是因为她从小就经受了各种磨炼。马丁必须去克服身体上的障碍并改变与之相伴的退缩不前的思维模式。乔伊不得不克服对建立人际关系的恐惧。贾里德、赛肯和布鲁斯则学会了抓住机遇为自己发声，应对艰难的挑战。

大胆为自己争取是成长为一名兼具勇气和大局观的领导者的必经之路。任何想要干出一番事业的人都绕不开这一点。下面是一些你可以为此做的准备。

搞清楚表明立场的前因后果

如果站出来发表意见让你觉得有风险且不舒服，那就对了。在决定退缩之前，先进行一次全面的思考。从你的目标、职业发展和工作动力入手，看看如果你选择这么做了，它能为你带来何种机遇：

- **分析重点。**在站出来发表意见之前，先看看自己的日常工作是否做得足够好。记住，你的工作表现才是你的职业发展的核心。其次呢？还是做好你的日常工作。在确保自己的工作表现足够优秀之后，再用以下四个标准评估选择站出来发表意见能带给你怎样的机遇：
  - **你是否做了正确的事：**你所表达的意见对公司发展有帮助吗？你所提到的事是必须要做的事吗？
  - **这件事是否令你感到兴奋：**得到这个站出来发表意见的机会让你

感到兴奋吗？它是否存在为你带来显著的积极影响的可能性？

    - **它是否能让你被高层管理者注意到：** 如果你选择站出来发表意见，并且你的意见受到了重视，那么高层管理者是否会因此注意到你？
    - **执行新方案的成功可能性：** 在提出质疑并给出你的方案之后，你能干好由此带来的额外工作吗？

- **在精神上做好准备。** 换句话说，采用一种能给你带来勇气和自信的思维方式。
    - **打破退缩型的思维定式。** 退缩型的思维定式会阻碍你表明自己的立场（比如“还是别说了，我会被炒鱿鱼的”）。这种思维模式通常隐藏在一种根深蒂固、看似合理的思维模式（比如“职场新人应该通过保持沉默来表示尊敬”）之下。
    - **客观分析。** 分析你的思维方式带给你的利与弊。比如，它可能阻止过你贸然说出不成熟的想法，但也可能阻碍了你发表正确、合理但与众不同的观点。
    - **克服恐惧。** 选择能导向新的行为方式的思维模式（比如“我能实现这个很棒的点子”）。你所应选择的思维模式就是当你不再恐惧时你在此种情境下会做出的选择。如果这种思维模式在你不恐惧时是适用的，那么它现在也会是适用的。
    - **先行设想。** 如果你在这种情况下采用了新的思维模式，那你的行为也会自然地发生变化。设想一下当你采用了这种行为方式时你感觉如何，你觉得自己做得到吗？

为表明自己的立场做好准备

为展示自己进行练习和彩排能够达到事半功倍的效果，这能让你做好随时行动的准备。不要在你打算站出来的前一天晚上临时抱佛脚。反复练习展示自己，不管是在私下里的彩排中还是在重要级别不是很高的会议讨论中，反复培养自己对此类情况的适应能力：

- **借助他人鼓励自己。**通过别人的视角观察自己，能帮你摆脱一部分退缩型思维的困扰。
  - **设定目标。**明确你的短期目标，看看你是否在这些目标的达成中得到了正确的指导。如果没有的话，找到能指导你的合适人选！
  - **了解自己最好的一面。**找几位了解你的工作表现的主管询问情况，让他们对你的优点、你的最佳工作状态以及可以锦上添花之处给出评价和建议。将这些反馈也转达给你的导师。
  - **按导师说的去做。**一旦犯错，不要责备任何人，别责怪导师也别责怪自己。犯错是绝佳的学习时刻。为此你要向你的导师表示感谢。
- **充分准备。**你已经做出了站出来的决定，现在该去搜集事实证据了。否则，整个局面看上去就只是单纯的你的意见和别人的观点相互冲突，看不出哪一方更有道理。人们会关注反对惯例、尝试改变现状的那个人。这才是站出来发声的真正含义。
  - **表明你的立场。**直接质疑、反对别人的看法就像是往会场里扔了一颗手雷。实际上还有很多其他的方式可以用来表明立场。你可以考虑会前单独接触每名与会者，通过打电话或发电子邮件的方式联系会议主席，加入或组建一个小组来准备问题解决方案或更好的替代性方案。将支撑你的观点的论据总结成几个重点句，做好“电梯游说”（用极具吸引力的方式简明扼要地阐述自己的观点）的准备。
  - **做足功课，制订计划。**别轻易认为其他人都是错的。四处问问，弄清事实，再梳理一下自己的思路。如果你积累了足够多的支持性证据，那么先试着将其转变为一个完整的商业计划，考虑好可能需要面对的挑战，准备好对于他人提出的不同观点的回应以及相应的问题解决方案。没有人只想听到抱怨或问题。明确阐明你的方案需要在何种现实条件下成立。找到一个可以信赖的合作伙伴。

- **在彩排室进行彩排。**[①]作为热身，在镜子前看看自己发言的表现如何。你也可以用手机录一段视频，当然找朋友帮忙彩排就更理想了。最大限度地挑战自己。练习站在房间前面讲话并保持镇定自若。练习用洪亮的声音或柔和的语气，快节奏或慢节奏等多种形式来讲话。试着加入各种不同的情感，比如自信权威或温和友善。通过进行尽可能多的尝试来增强感染力。
- **练习在情绪激动后恢复镇定。**采用冥想的一些技巧进行练习。在发表意见的关键时刻和事后，你需要借助这些技巧让自己保持镇定或迅速平复下来。要点如下：
    - 用一个舒适的姿势坐直，头部和背部挺直，四肢放松（伸展大腿和胳膊）。闭上眼睛关注自己的内在。几分钟后，深呼吸（在心里默数到四），然后深深呼出一口气（在心里默数到六）。如此重复数次。
    - 思考自己希望达成的目标。确定自己的初衷，比如“我想成为讨论的积极贡献者”。走进会场前在一个安静的场所重复这一练习

① 感谢克劳德 · 斯坦，一名声音教练和优秀的引导师，教会了我这一表达方式。如果你有过登台表演的经历，你就能明白这一道理。对没有表演经历的读者来说，你可以想象一个可以自由练习的安全场所，一个你能得到全力支持，不存在失败的地方。

（在盥洗室练习也可以），你会感到自己变得更加镇定和机警。

- **做好准备，各就各位。**准备开放式的、吸引人的问题引导别人参与进来，而不是质问对方，把他们逼到墙角。比如，你可以问大家："什么才是真正卓越的表现？"而与此相反的问题是："我们忽略了什么样的'黑天鹅'事件？"做好别人反问你同样问题的准备。

迈出那一步，站出来

站出来表明自己的立场看似只是一次短暂的行动，但它与你的话语、声音、仪态、执行力及个人特质密不可分，它代表了你的全部：

- **进入状态。**当你熟悉了情况，进入了状态后，记住你的目标，感受自己的情绪变化，有意地和他人建立联系。慢慢来，告诉自己你能够保持机警和专注，灵活应对变化的局面。
    - **保持镇定。**当你对要讨论的主题感受强烈时，你会很容易在发表意见时升高音调或加快语速，当众发言时在肢体语言中表露出自己的紧张情绪也是正常的，但这些不会对你传达自己的意见有任何帮助。平和才能带给你力量。保持镇定。
    - **习惯于站在聚光灯下。**第一次身处众人关注的目光之下，很可能会让你感到手足无措。你可以使用"我一直在想"或"这是看问题的一种不同的方式"这样的话作为开头发表自己的意见，让自己的紧张情绪舒缓下来。或者你可以深呼吸几次。
    - **尊重他人。**积极地倾听，转述其他人的原话以表明你确实听到了他们的观点。寻找别人给出的建议中的关联之处。以积极、正面的语句表达你的看法。大致描绘如果按照你的建议实行，最后的结果会是怎样，然后看看别人的反应如何。
    - **平复下来。**在会议上发声表态后，使用之前教给你的节奏呼吸，降低心跳频率，将注意焦点放回到会议主题上。

- **持续跟踪。**一旦表达了自己的建议或提出了自己的方案，你就有责任帮助公司向你认为是正确的方向前进。勇于承担责任。
    - **快速回应。**出色地处理好后续工作，会上和会后都是如此，努力消除他人对于你的计划的误解，清晰回答他人的疑问。你可以使用这样的说辞："这是我对你的看法的理解，如果我说错了请及时纠正我。"对改进保持信心。
    - **搞清下步方案并采取主动。**你已经开启了一个连锁反应。现在你要做的是采取主动，主动担当领头人，找到并落实更好的解决方案。这很可能需要你和其他人相互协作，抓住这样的机遇拓展人际关系。
- **给自己一些表扬。**你已经熬过了惊险时刻，而且你下次一定能做得更好。你的心跳很快会恢复正常的节奏，理性思维也会重新运转起来。

勇敢站出来表达自己的观点，能让你成为一名更有责任感、更有干劲儿、更加人性化的领导者。直到你站出来的那一刻，你才真正进入了这个游戏，这张牌桌才会有你的座位。你会发现其他人在翘首以盼和洗耳恭听。

而且别忘了，在这场游戏中，你有很大的机会取得胜利。

/ 第九章 /
安于稳定才是最大的风险

在接受采访时，多数公司高管都曾表示过希望自己在职业生涯早期进行更多的冒险。站在金字塔顶端的他们这样说当然很轻松！那么，当初是什么阻碍了他们？在进行有利于自己的职业发展或公司经营的冒险上，你也很可能尝试得不够。

我们如何知道应该进行哪些冒险？对此不存在一个确切的答案。有些风险是隐形的。而有时，什么也不做才是最大的风险。每件事都有可能带来风险！这就是为什么更主动地冒险会对你有所帮助，以及，从大胆冒险的人身上你能学到许多东西。如果他们冒险成功了，那当然很理想；而如果他们冒险失败，那么我们能学到的东西就更多了。我们可以从他人的成败中得到启发，对可以接受的挑战和完全疯狂的行动之间的界限也能有一个更好的理解。

杰西卡学会了逐步承担更大的风险。她所从事的工作是她一直以来的理想职业：新闻记者。她接受了一项有风险的任务——采访两位媒体大亨：

我有一位很棒的编辑，他鼓励我进行那次专访，挖掘两位大亨之间的关系。如果我当时一直想着“为什么他们会愿意接受我的采访”“他们到底能跟我说些什么”这样的问题，那我很可能就不会进行那次采访了。但当时借着那位编辑的鼓励，我立即决定要去做这件事。我下定决心要让这两位亿万富豪和盘托出他们的故事。我很不擅长找关系联系被采访人敲定采访，但我还是发了传真，尽力找人帮了忙。没人能给我一个确定的答案，好在最后，这件事还是办成了！

我在采访时容易说话过多，喧宾夺主，于是我反复提醒自己保持安静，让对方去说。如果我让对方自由发挥，采访内容一定会很精彩。我对访谈内容进行了录音，并做好了备份记录。我很紧张，但那次访谈效果绝佳！之后我给第二位媒体大亨打了电话，对他也进行了专访。我还记得坐在他面积很大的办公室里的一把小椅子上采访他的情形。他对第一位媒体大亨所说的故事表示惊讶，并讲述了自己的版本。

在编辑的帮助下，我写了一篇头版报道。这并非我的第一篇头版报道，但它的确是迄今为止影响最大的一篇。我担心我会造成大范围的负面影响，直到今天我仍对此感到不安。这整件事令我既紧张又兴奋。

杰西卡的早期冒险激励了她去进行更多的尝试。几年后，她离开了那家享有盛誉的报社，独自创办了一家以深度报道和业内独家新闻为卖点的科技媒体网站：

我开始质疑自己的目标。我离开报社是因为我一直渴望创办这样一个网站，渴望对新闻业产生更大的影响，渴望成为一名更好的记者，并经营一家具有影响力的新闻机构。我的构想从一开始的业余爱好，变成了日思夜想的牵挂。

我是公司的独立法人。我相信随着商业报纸的影响力与日俱增，新闻网站将成为一种新型媒体。我开始着手打造我的团队，鼓励我的团队成员写出有意义的、前沿的报道，引领科技潮流，吸引大众的目光。我热爱新闻。我喜欢和我的团队待在一起，认识朋友，拓展人脉。这就是我想要的生活。

循序渐进的冒险经历让杰西卡选择离开了一家声誉极高的报社。对她而言，这样的交易很划算。那么你呢？你可以从下面这些故事中得到启发：

- **冒险是如何改善你的工作体验的？**西蒙从巴黎来到纽约，寻找自己事业的新发展，但他的寻找之旅并不顺利。
- **如何选择冒哪一个风险？**失业并债台高筑，布兰迪不得不在两份截然不同的工作机会中做出选择。
- **如何让风险变得可控？**为了加入新婚妻子的公益项目，詹尼原本准备放弃一切。
- **如果风险真的太大怎么办？**为了实现自己的梦想，罗伯特在众人反对的情况下进行了一次豪赌。
- **如何减轻冒险带来的痛苦？**凯文的首次创业在经历了短期的急速发展阶段之后迅速走向失败，但由此，他开启了自己事业发展的第二篇章。

在职场中，风险常伴左右且后果未知。在第一次冒较大的风险时，你肯定会感到非常不适，甚至陷入恐惧。没错，有时冒险会导致失败，没人想要这种结果。但如果不冒任何风险，你将一事无成。

设想一下自己已经处在职业生涯的辉煌顶峰。此时，可能会有记者采访你："回首往事，你有什么遗憾之处？你会对年轻时的自己说些什么？"而你会停顿一下，然后带着欣慰的微笑说："我没有遗憾。当时我就告诉自己要多去冒险。我做到了。"

开拓你的人脉

> 多认识些人。并非你接触的所有人都必须是成功人士，你也并不是在进行一场接触的人越多得分越高的比赛。少而精也能奏效。

西蒙性格外向，考虑到他在八个兄弟姊妹中排行第三，有这样的性格也算是幸运。在法国，尖子生们会在重点大学预科学校进行激烈竞争，以在最后的全国性大学申请考试中脱颖而出，考上理想的学校。西蒙通过努力学习上了一所重点大学预科学校，这是他的第一次小冒险：

我并不比别人笨，但我必须通过加倍努力才能不让自己掉队。刚到学校的六个月里，我一直在想，别的学生都比我强多了。但到了第二年，我的学业成绩就上来了。在那个学年的期末考试中，我和同样的一群人同场竞技，而我发现自己能够赢得比赛。

有了这段经历，我便树立起了这样一种信念，即如果你真的想要成功并付出了努力，那你就能得偿所愿。当然，你必须搞清楚比赛的规则和当前的局势。你必须相信自己能行。你可以先输三局甚至五局，但没有理由你就不能后来居上。

进入商学院后，西蒙选择了一个风险较高的三年三国联合培养的学习项目，这意味着他要学习三种不同的语言！而且在这个项目中，学生们必须通过说服公司给他们提供一份工作来完成学习任务。一步步地，西蒙在冒险之路上变得得心应手起来：

这个项目让我开阔了眼界。最困难的一环是学习怎样和他人进行有效互动。在异国他乡，当地人的思维模式可能和你完全不同，行为方式也和你不一样。为了让自己被大家接受和拓展人际关系，你必须学会融入当地的文化。

我进行了为期 9 个月的实习，整天在电脑前工作。之后，我希望能进行一些不同的尝试。我发现了一家专门招募航海员的网站，其中一家公司想要把他们的船从法国开到巴西，于是我就报名了。我在船上和一个我不认识的人待了 40 天，除了对航海的激情外，我们之间没有什么共同点。

我的母亲和我女朋友的母亲很担心我，但人们通常会高估实际的危险。我们的确遇到了一些艰难时刻，但最终还是挺过来了。

西蒙对于冒险已经很适应了。结婚后，他和妻子想要搬家。他们商定一旦有人找到了异地的新工作，另一方就要跟着去其新工作的所在地。他的妻子先收到了被调职到纽约的邀请，西蒙很高兴。而且，他拒绝了自己当时所在的咨询公司给他的调往纽约分公司的邀请，因为他认为这正好是一个熟悉其他行业和重新开始的好机会。西蒙开始寻找新的工作机会，并尝试建立新的人际关系网络：

我并不害怕。我此前从没来过美国，而我一直渴望发现新大陆。这里的人才供需情况还不错，我没有理由找不到工作。一切都是新的。一切皆有可能。我喜欢见到不同的人！

我，一个法国小伙，就这么来到了纽约。我联系了这里我认识的所有人——商学院同学、我的表兄和前同事们。我问了很多我想知道的问题，也向他们介绍了自己。你必须如此才能让别人愿意花时间听听你的请求。让别人响应你没有实质性内容的想法是很难的。我说我对媒体、体育、娱乐、奢侈品、咨询和消费品领域都有所了解且感兴趣。我认为我不该被拒之门外。我有意识地进行了自我推销，虽然我不知道结果会怎样。我第一轮接触的10个人给我提供了进一步建立工作关系的思路和基础条件。我又见了金融服务行业的一些人，因为这是我之前的职业。有人给我提供了一份工作，但我拒绝了。

在第二轮接触中，我大概和不同的人进行了30次简短的会谈。在这之后，我知道了我具体该问些什么问题。然后我开始了我的第三轮接触。你可以通过提出非常具体的问题让自己得到那个机会。我前往很多公司参加了面试，差不多面试了100次，而我仍然感觉有许多东西需要学习。

最终，一家消费品公司的经理给西蒙提供了一份战略规划方面的工作，并承诺他之后可以转到市场营销方向。几年后，西蒙就晋升为该公司的全球品牌经理，负责一个新产品的全球发布和推广工作。承诺兑现了。

启示

一旦西蒙将建立工作关系转化为一场冒险游戏，这场冒险就变得乐趣无穷。将冒险游戏化可以在感觉上降低挑战的困难程度。先将你过往的经历进行合理组合，以打造出一个让他人感兴趣的形象。自我推销的重点是：清晰阐述你感兴趣的行业和角色，以及为什么你就是那个合适的人选。先选择几个朋友练习自我推销。之后是广撒网，寻找可以成为你第二轮接触对象的引荐者。他们推荐的人选就是你的第三轮的接触对象。随着行动一步步推进，你会明白什么是你真正想要的东西。

做好过程记录也是行动的一部分，包括记录你接触过的人、发送的电子邮件、一些关键性的事实和联络信息，因为仅凭脑子是记不住所有事的。

相信我，这种做法非常有效。并非你接触的所有人都必须是成功人士，你也并不是在进行一场接触的人越多得分越高的比赛。少而精也能奏效。好好落实每一步行动计划，你就至少能得到一个有趣的工作机会，并建立起几段长期的工作关系。

现在，游戏开始了！

你可以不去选择平庸

> 暂时放下恐惧，思考一下你的长期打算。哪个选项能给你带来更多的正能量？

布兰迪的冒险基因源自曾祖父。她的曾祖父是一个私酒贩子，她的祖父则在年轻时死于心脏病。基于此，布兰迪的父亲找了一份安稳的差事，在州政府做金融方面的工作。但是，作为五个姊妹中年龄最大的一个，布兰迪天生就是一个冒险家：

五年级时，我看到一群男孩在欺负一个体重超标的男孩。个头最大的那个霸凌者在用排球砸他。这真是让我难以忍受。我以前就很同情这个受欺负的男孩，但从没有勇气采取行动。而看到他的鼻子被打出血成了我的愤怒的导火索。我狠狠打了那个霸凌者一顿，把他的鼻子打开了花。

之后，我被请到了校长办公室，还和校长一起吃了一顿午餐。他说："我觉得你做得很对。因为你不是为了你自己，你是在为别人打抱不平。"我把这件事告诉了母亲，她也赞同我的做法。从那时起，我变得自信起来。那些欺负人的男孩也不敢惹我了。

后来，布兰迪考取了博士学位，成了一名医药师，为零售药店、疗养院提供服务。这份工作让她厌倦，因此当她最好的朋友建议她到一家医药公司做合同工时，布兰迪跳槽了。这是一个不错的决定，但这份合同四个月就到期了：

我的主管说："我们很喜欢你，我们认为你很优秀，但我们没有适合你的工作。"得到这个消息后，我每天晚上都哭着入睡，就这样持续了整整一个月。我想，天哪，我犯了一个错误。我以前的工作挺好的，也许我该给他们打电话把工作要回来。我丈夫当时在法学院进修，我们刚刚在镇上买了房。我很担心我们会无法偿还房屋贷款。更糟的是，我们还有学生贷款要还。钱的问题让人担心，但回去继续做那份索然无味的工作更让人难以忍受。

我想要冒一次险，找一份自己想要的工作。我到两家公司进行了面试。第一家公司给我提供的全职工作待遇不错，但我对第二家公司的人力主管印象极佳。他在我拿到前一份工作邀请的同一天给我提供了一份短期合约工作。

第一家公司让人感觉死气沉沉，毫无活力。如果我想要安稳，我就应该选择这家公司，但我知道如果我这么选了，这也只不过是基于害怕失去保障而做出的决定。我不想变成这种僵化的公司氛围的一部分，这感觉一点儿也不好。我已经开始习惯冒险了。

让我坚持一路前行的部分动力是倾听自己的声音。我想通过激励他人取得自己的成功。我喜欢听别人提出自己的想法。我想看得更远，站得更高。

布兰迪接受了那份没有保障的短期合约工作。几个月后，她就把这份工作变成了她的稳定职位。不久，她晋升为医药小组的医学主管，负责推动跨部门协作方面的工作，这确实是一份理想工作。

启示

恐惧驱使布兰迪寻找一份稳定、高薪和安全的工作，而对未知的渴望又驱使她进行冒险。就短期而言，一份合约工作对布兰迪来说明显不是最优选项，但放眼长远帮助布兰迪做出了基于兴趣而非恐惧的决定。当然，如果你需要照料幼儿，负责养家糊口，那么选择安稳的工作也很合理，因为此时你的选择就并非出于恐惧，而是出于对家人的爱。

如果你仅仅是因为害怕冒险就拒绝了可能的选项，那你的行动就是受恐惧驱使的。试试暂时放下恐惧，思考一下你的长期打算。哪个选项能给你带来更多的正能量？你能在其中看到什么新的可能性？哪个工作机会能让你从中得到快乐？

在寻求安稳之前，想想上面这些问题。

人生不止一种颜色

> 你有什么想做但一直没做的事？你准备如何测试它们的可行性？试着进行一次原型试验来降低风险吧。

在投资银行工作了两年后，詹妮选择了离开：

我实在太讨厌这份工作了。我根本没有自己的时间。周六我要工作一整天。周日则是上午去教堂，在吃完午饭之后一直工作到晚上10点。我不喜欢我的工作内容，它太耗费精力，而且单调重复。

我的中国父母总是鼓励我去挣钱，但我挣钱挣得失去了生活。我希望自己要么在工作中干出一番成绩，要么做些对世界有意义的事。因此，我请了将近一年的假去海外做志愿工作。

这次行动是一个冒险，我的确担心自己回来后会找不到新工作。回国后，我在家里住了一段时间。我的父母说："离开这里！至少去找点儿事做！"于是在朋友的指导下，我写了一封求职信，在一家科技公司找到了一份工作。

五年后，詹妮又有了一个冒险的想法。公司给了她一个月的休假时间，但她需要更多的时间，因为她想和她的妻子拍一部关于性少数群体的电影。詹妮本想离职，她和她的一位朋友交流了这件事，而她的朋友鼓励她请一个长假：

我用这段休息时间完成了一个激动人心的项目。我认为，其他国家拍摄的性少数群体题材的电影通常主题灰暗，而我们想要展示一些充满希望的故事，因为并不存在一个标准或模范可以用来教给孩子们生活应该是什么样的，尤其是对有色人种而言。

我们开始对本地的性少数群体领袖进行专访。一些访谈帮助我认识到我们接下来应该做的事：进行网络宣传，拍摄宣传片，走出国门，给世界各地的性少数群体领袖一个发声的机会。

请一年的长假用来拍摄电影本来就很有风险了，而詹妮还没有拍摄电影的资金和经验！这段忙于克服各种艰难险阻的经历激励詹妮在工作和生活中成就更多：

一开始，一切仅仅是一个构想。但当你决定坚持并实践这个得到了他人支持的构想时，情况就会变得复杂许多，完全超出你的想象。在实践过程中的某一天结束时，你可能会听到有人告诉你你的想法很糟，太糟了，而你必须让自己不受影响。你投入了心血，但很可能还是会有人说："你太自私了。"这很伤人，但我认为真正有所作为的人，总是不免让一部分人失望。

我拥有独特的优势。你可能也这样问过你自己，我来到这个世界上究竟要干些什么？答案就在你眼前。对我而言，我的答案来自我的经历，一个亚裔美国人，从小信教，并且是一名已经出柜的同性恋者。

我最害怕的是把未来的30年都花在攀登公司的权力阶梯上。我的事业心不曾消逝。我仍关心我的职业发展，我希望领导项目和团队。以往的我太过于习惯服从了。比如在某次会议上，我一言未发，仅仅是因为与会者的职务都比我高。但现在我意识到，我也知道一些他们不知道的东西。我必须给自己壮胆。

我的问题在于：我自己限制了自己，认为自己只能做到这么多。我的上司其实从未让我觉得我不能更进一步。我必须更坚持己见，清楚地表明这就是我想要的和我会为之努力的决心。

当詹妮做到坚持己见时，她实现了作为领导者带领一整个团队直面挑战的梦想——不仅是在电影里，而且是在工作中。

启示

詹妮的经历教会了她如何降低风险。请一个长假去完成一个激动人心的项目比直接辞职冒的风险要小得多。通过在启动项目前进行仔细的规划和可行性测试，詹妮进一步降低了风险，也正是这些前期测试帮助她打开了思路。休假期间，詹妮决定和妻子一起合作，将自己的兴趣和公益性目的相结合，完成了一个真正具有社会影响力的项目。这段经历让她明白了最大的风险就是等待太久。

你有什么梦想？你推迟了什么本来想做的事？如何测试它们的可行性？试着进行一次原型试验来降低风险，这可能会给你带来意外惊喜。

也许就在刚才，宇宙听到了你的心声。

是选择 100% 的失败，还是 1% 的成功？

> 他还知道，如果他继续做自己不想做的事，他肯定会失败。

罗伯特上中学时成绩不好。他的父亲说，他的哥哥可能更擅长学习书本知识，而罗伯特生存能力更佳。父亲的话点燃了他的竞争意识，他一步步变成了班里的尖子生。大学时，他进行了自己的第一次冒险，此后一发不可收拾：

我当时主修金融学。电视业距离我似乎很遥远。但我和朋友还是想办法一起写了一个故事剧本，并在全班面前朗读了一遍。剧本的内容很搞笑，同学们听得很开心。我的风格和嗓音让我的作品听起来很吸引人。这给了我自信，驱使我找到自己真正擅长的事。

因为在学校的表演受到了广泛欢迎，毕业后我决定冒险尝试进入电视业。我想成为一名情景喜剧作家，因此我选择先从做一名电视台实习生开始我的事业。我的梦想很盲目，这让我变得有点儿神经质。我用功过度且准备过度。我喜欢把东西拆解开来，然后研究如何更好地重构它们。

但事情进展得并不顺利。五年中，罗伯特一直是一名普通的电视台助理，一事无成。他不得不进行更多的冒险：

我快 30 岁了，但仍然一事无成，并且失去了大学时的那种自信。意识到自己可能就此成为一个失败者，我申请了工商管理硕士，并付了定金。为了多挣些钱，我在一家小型娱乐公司找了一份临时工作。

三个月后，公司准备成立一个电视管理小组。我告诉主管我想管理这个小组，如果不行的话我就辞职。恐惧驱使我提出要求，而且我知道我有他需要的才能。我并不想读商学院，所以这是我的最后机会。试试看没什么损失。

他给了我这份工作，我留了下来。

在成功推出了一些广播节目之后，罗伯特再一次选择冒险，前往一家大型电视广播公司找到了一份更好但风险也更大的工作：

在每份工作中，我都感觉自己应该成为最出色的员工。竞争应该是企业文化的一部分。人们习惯于完成重复的工作，而不会尝试突破自己的极限。这种故步自封的态度简直让我抓狂！

进公司后不久，我从小就看的一档节目的创始人给公司发了一个提案。公司领导没有买账，但我在会谈后找到了他，邀请他共进午餐。我们吃了午饭，谈了几个小时。我问他是否想试试翻拍自己的电视处女作。他说："不，这太疯狂了。不过……"然后我们一起写出了新节目的脚本。我把脚本拿到公司，可是大家都不喜欢。

大家一度表示："我们绝不会拍摄这个节目！"但当我知道自己才是对的时候，我就会坚持到底。我不在乎你是否会解雇我，但你最好听我说完，否则我会很不高兴。如果你不明白，那你就是没有理解我的思路。如果你不听取我的意见，那我的价值何在？

我召集大家开了一次会，最后公司终于同意我拍摄试播集。节目制作过程中冲突不断。我从我的上司、上司的上级一直吵到公司总裁面前。我始终坚持己见。后来，他们终于站到了我这一边，成了这档节目的拥趸。

罗伯特真心相信节目会大获成功，而结果正如他所料。

启示

很多行业本身就是高风险的，比如娱乐产业。在这种环境下，罗伯特为了自己的节目得到播出不惜进行了更多的冒险。他将全身心都投入其中，这极大地提升了他的竞争力和创造性。

尽管罗伯特冒了较大的风险，但他并非无所畏惧，他也会担心事情做不成，正如我们其他人一样。但他还知道，如果他继续做自己不想做的事，他肯定会失败。这使他成为一名梦想家而非浪漫主义者。罗伯特说："我不相信有人能做到完全不曾放弃自己的终极梦想。有时，你只能放弃。但你还可以有其他的梦想，实现它们也能让你快乐。"

我们可以称后者为务实的梦想。全身心投入你的梦想，一个梦想行不通就去找下一个。

冒险者就是要屡败屡战

> 不要小看失败，它比任何人所描述的都要更加痛苦，粉饰、掩盖失败也并不能减轻痛苦。

凯文是一位成功的企业家，一位中国香港商业海员的儿子。现在，他是一位拥有硕士和博士学位，以及众多成功投资交易记录的广受欢迎的风险投资顾问。九年级时，凯文借助一个偶然的机会创立了自己的第一家公司：

我们建立了一个玩电脑游戏的网站，访问量很高。有人想给我们几百万美元进行资助，我们去见了这名投资人，然后接受了这笔钱！之后我开始尝试着运营公司并雇用了员工。但我完全不知道公司今后的发展方向在何处。我失败了。

公司倒闭时，我不得不解雇所有的员工。和那些比我大 10 到 15 岁的员工谈解雇的事真是一场噩梦。我陷入了沮丧。我觉得自己无法比这干得更糟了，但这段经历的确帮助了我，让我走上了一条非传统的成功之路。这也是不久后一名对冲基金公司的主管找到我给了我一个工作机会的原因之一。我们建立了长久的关系，此后，更多的门向我打开了。

我的母亲对我在高中时就进入对冲基金公司工作并不支持。她希望我能考上医学院。即便后来我为公司挣了很多钱，母亲仍然因为我没有去考医学院而感到失望！

尽管经历了失败的痛苦，凯文还是想要进行更多的冒险。当他从网站经营失败的创伤中恢复过来后，他又有了新的、更好的创业构想：

我同时得到了大学毕业证和研究生毕业证。我开始做一些医疗保健方面的政策制定工作，并创办了一家医疗用品公司。整个医疗保健体系是如此的混乱无序，因此我不得不摸着石头过河。

我们付出了很多努力才使公司发展初见成效。公司的发展速度令人沮丧——筹集资金或实现盈利太难了！人们以为我们的公司正在稳步发展，但情况恰恰相反。最终，我们被同行中的一家以色列公司收购了。

风险让人害怕，失败令人痛苦，但凯文仍相信冒险是值得的，至少他可以从中学到东西：

当玛丽莎·梅耶尔离开谷歌出任雅虎的首席执行官时，我问我的朋友："如果有人让你去做雅虎的首席执行官，你会接受吗？"我的人生哲学一直是大胆接受。无论结果怎样，你都会受益良多。

我最大的恐惧之一是让一切在瞬间全部坍塌的灾难。考虑到我的高失败率，我采取的防御机制是同时接手多个项目。我不希望因为失败而什么也得不到。大学时，我同时上了八门课，任何一门也不愿放弃。与此同时，我还在忙着处理创业公司的事，并且毫无头绪。我也没有处理好我和当时的女朋友的关系。最终，校方强迫我必须放弃一门我可能无法及格的课程。我很沮丧，但我不想寻求帮助，这个词让我羞于启齿。

就文化而言，很多亚洲人都秉持家丑不可外扬的理念。你不愿意展现自己脆弱的那一面，直到你自己无法承受的那一刻。我也是如此。我相信人们对我抱有某种期望，因此我一直想要努力不去辜负他们的期望。

凯文改变医疗保健体系现状的梦想最终得以成真。在又一次离职后，他加入了一家前沿科技公司，主攻领先技术在医疗保健工程方面的应用，这是他迄今为止进行的最大冒险。

启示

当风险失控后，失败将是灾难性的。不要小看失败，它比任何人所描述的都要更加痛苦，粉饰、掩盖失败也并不能减轻痛苦。好在，凯文为了进行下一次尝试，学会了从失败的创伤中复原。

为了帮助自己复原，请尽量向朋友或有类似冒险经历的职场引路人寻求帮助。如果沮丧已发展成抑郁，记得一定要去寻求专业帮助。失败是一种实实在在的损失。而回避失败带来的创伤会给你带来危险。时间的流逝能减轻你的痛苦，而正确的帮助能加速你的复原。

要记住，值得你为之努力的下一个梦想——就在拐角处。你很可能会再次享受到冒险的乐趣。

风险应对行动指南

冒险是你推动事业发展的必由之路。选择一份工作，接受一项任务，会见一位新上司，接受一次职位调动——每个和工作相关的决定都包含风险，即便在相对稳定的公司也是如此。我们不是在谈论那种孤注一掷的冒险，那会将公司的前途或你的人生置于险境。的确有些人进行了这种冒险，但只有少数幸存者看起来光鲜亮丽。

你可以在自杀式地寻求刺激和百分百的安稳之间，找到一个让你感觉舒适的平衡点，逐步培养你的冒险能力。杰西卡在大胆冒险之前，曾在一家令人羡慕的、稳定的公司里小试牛刀。西蒙学会了将冒险转化为一场游戏。布兰迪出于自身兴趣，选择了风险更大的那个选项。詹尼通过申请长假的方式降低了因为做个人项目而失去工作的风险。罗伯特知道全力坚持要比中途妥协风险更低。凯文通过广撒网来对冲自己的高失败率。

无论你的起点如何，你都能通过经验的累积让自己对展开冒险行动更加得心应手。下面是四点建议。

做出决定

搞清什么对你是真正重要的。让一名同事或一个朋友来做你的教练会很有帮助。他会迫使你突破以往的思维模式，扔掉那个你随口说出而并未深思过的答案：

- **找到自己的勇气。**从回顾自己的一段辉煌经历开始。它可能是一项当初你觉得自己不可能完成而最终成功完成的任务。可能当时其他人也不相信你能成功。你尽了自己最大的努力，最终的成功让你感到骄傲和自信。注意体会在这种充满勇气的情境下自己的感受。以此为基础，做出你的决定。
- **厘清自己的渴望。**你不可能马上拥有你想要的一切。因此，你需要对愿望清单上的那些重要事项进行筛选：金钱、声望、自由度、工作时间、出差（或相反）、学习机会、任务多样性、好同事、富有创造性、技能提升、社会影响等。每次拿出两项，选择你更喜欢的一项，然后继续和下一项进行比较，直到你找到那个自己绝对不会放弃的最重要的东西。比如，对你来说，自由度可能比金钱重要，但学习机会可能比自由度更重要，那么这就是你更渴望的东西。现在考察一下现实情况，你目前的工作能为你提供你真正想要的吗？
- **确定自己的目标。**你的目标是什么？你的目标不一定非要高大上，也不是非得一成不变，更不必轰轰烈烈。你只需要找到那个能激发你的信念、勇气和驱动力的目标就足够了。如果你打算从零开始，而大脑中还没有一个清晰的目标，那么让你的朋友帮你想想。你可以参考一下他人的梦想。冒险行动是从宣布自己的目标开始的，即便你可能对此还不确定。
- **畅想美好未来。**在未来的三年内，你希望自己取得什么样的成就？你所取得成就能给你带来怎样的新机遇？如果你的选择被证明正是你所期望的，它将给你带来怎样的变化？还有什么其他的好处？还有吗？不停地问自己，直至你的幻想已经进入不切实际的领域再停下来。这不是一项严肃务实的思考练习，要点是：往大处想。

- **和退缩不前的坏处进行比较。**设想一下自己选择继续从事现在的工作会怎样。它是你迈向光明未来的桥梁吗？未来三年会发生什么？也许你的第一个想法是，哦，我躲过了一次风险，值得庆幸。继续设想下去。如果你感到兴奋或动力十足，再仔细想想。你也可能会感觉厌倦、沮丧和沉闷，这又会将你带至何处？将迎接挑战的好处和退缩不前的坏处进行比较。现在，进行冒险这个选项看起来如何？
- **在冒险之前进行一次最终评估。**设想最糟糕的可能性有一种自虐的乐趣。多找些视角不同的朋友，问问他们的意见。向他们说明你准备做出的决定，之后让每个人给你描述一种可能发生的最坏情况——必须是那种让你晚上睡不着觉，并且至少有1%的实现可能的坏情况。（不要太天马行空，尽管这可能更有趣。）对如何降低每一种风险给出应对方案。
- **确认自己的决定。**在你决定冒险前，再考虑一下。不要冲动，仔细衡量你的决定。假想你的决定已经生效，可能发生何种情况。这是你降低风险的最后机会。

坚持你的决定

有时，你的冒险行动看起来令人难以置信的大胆。此时你需要做的是坚持你的决定，自信且大声地向你自己和你的朋友宣布你的决定：

- **向你自己宣布这个决定。**如果你本来已经决定尝试4000米的高空跳伞，却在飞机舱门前吓瘫了，那就先后退一步，重新审视一下你在几个月之前做出的决定，并回顾一下做出决定的过程。你可能还有一次尝试的机会。如果这一次机会已经消失了，那么回顾一下自己这一次的冒险经历会帮助你下次勇敢迈出那一步。但是，如果你现在就准备从高空跳下的话：

- **破釜沉舟。**不用怀疑这一点：无论你准备得多么充分，失败的可能总会萦绕在你周围。如果你总给自己留后路，你就无法全身心投入。因此，勇敢向前吧，因为你已别无他选。
- **选择成长型的思维模式。**如果你寻求的是完美，那你实际上已经主动降低了自己成功的可能性。如果你寻求的是积极的体验，那你几乎肯定可以得到它。而如果你寻求的是成长的机会，那你百分之百会得偿所愿。
- **每天提醒自己抱有学习的心态。**抱着学习的心态做事能帮助你关注工作中的真正重要之事。在一次混乱的会议中或在任务艰巨的一周即将结束时，学习的心态能引导你关注工作重点，学有所得。

- **向你的朋友宣布这个决定。**让大家为你的冒险之旅提供支持或提出建议。注意谨慎选择你的倾诉对象，同时你倾诉的内容要经过深思熟虑。你肯定不想让反对者拖累你，也不会希望自己犯了过度分享的错误，但你必须公开宣布自己的决定。

树立你的信心

你即将开始一段属于你自己的冒险。为了让这段旅途更加精彩，你应该注意一些事项。以下是为新手冒险者准备的安全保障工具包：

- **在离职前就开始准备。**在正式开始冒险前，充分了解与这个机遇有关的一切事实。在离开当下的工作岗位前，提高自己的学习能力。如果你已经做好了充分准备，那么在开始新的尝试时你就会感觉心里有底。
- **多结交朋友。**认识新朋友的最佳时机就是进行冒险的前一刻。这是因为此时你有更多的余地提出问题。将拓展关系网络当作自己的必要工作。在彼此熟识之前，你并不知道谁会成为你的盟友、导师或职场引路人，因此，请不带偏见地对待每个人，并表示出对他们的尊重。

- **寻求支援。**步入未知会引发恐惧。试着寻找可以依靠的伙伴、兄弟或支援团队。没人说过你必须独闯虎穴。

要么做，要么不做

——没有试一试这回事！要么开始冒险，要么继续从前。如果你已经做出冒险的决定，但到目前为止还没有实际行动，停下来思考一下是怎样的恐惧阻碍了你：

- **找出恐惧的来源。**有时，你要找到是什么力量在阻止你战胜恐惧。如果找到源头所在还不足以驱使你行动，那就给恐惧写一封信，或在行动时提醒自己将恐惧抛到脑后。如果你被恐惧吓倒了，那就寻求专业人士的帮助以得到你所需要的支持。
- **你真的想要放弃吗？**你确定自己真的想要完成这次高空跳伞，但在飞机舱门前你再一次退缩了，问问自己，你愿意再次品尝放弃的滋味吗？有多少次你不得不坐在场边作为局外人观看其他人做了你想做的事？召唤你内心的勇者，在飞机舱门前推你一把。
- **在需要时追本溯源。**如果你仍在犹豫不决，那就回到那个最开始的问题：为什么我想要这样做？回想一下你做出决定的动机，别人对你说过的话和你当时的感觉。追溯一下你做出这个决定的思考路径，再看看自己当下的感觉。如果那些动力和条件还在，你就知道自己该怎么办了。
- **让自己享受其中。**这是我们很容易忘记的一点。你现在正式开始了一段冒险——这难道不令人兴奋吗？！

最坏的情况会是怎样？通常，真正发生的事远没有我们想象的可怕。[①]是的，如果最坏的情况发生，你会跌倒，你会感到痛苦，你会在一段时间里深受负面情绪的困扰。重新打起精神并不容易，但你终会振作起来。

记住，连败不会永远持续（连胜也是如此）。休息一下，然后打起精神，抖落灰尘，重新回到赛场去创造奇迹。[②]

① 在丹尼尔·吉尔伯特的《撞上幸福》（*Stumbling on Happiness*）一书中，他对人们做出糟糕决策的原因进行了研究，可以浏览网站：www.ted.com/talks/dan_gilbert_asks_why_are_we_happy，观看他的TED演讲视频。

② 美国前总统罗斯福拥有激励人们迈向卓越的天赋。如果你需要一些鼓励，不妨读读他于1910年发表的演说"一个共和国的公民"中的段落："重要的不是批评家，不是那些指出强者犯了什么错或哪里做得不够完美的人。荣誉属于真正参与竞赛的人，他们的脸庞涂满了灰尘、汗水和鲜血；他们勇敢奋斗；他们会犯错，也曾屡屡力不从心，因为打拼之路一定会存在错误和不足，而即便如此他们依然为了干出一番事业而奋勇向前；他们知道什么是真正的热情和真正的付出；他们为了一项有价值的事业奉献了自己的全部；他们知道在最理想的情况下，自己最终会得到胜利的至高荣誉，而在最坏的情况下，自己即便遭受失败也是经过大胆尝试后的失败。因此，他们的人格绝不是那些不知道什么是真正的胜利和失败的冷嘲热讽者和胆小退缩者可以相提并论的。"布琳·布朗的《脆弱的力量》（*Daring Greatly*）其书名就出自这篇罗斯福的演讲，此处一并推荐给大家。

/ 第十章 /
准备好，随时迎接新挑战

有时，当你回顾过去的某次成功经历时，你可能会想：“我不知道当时我是怎么做到的。那真是我做过最棒的事，那是一个奇迹！”你当时可能以为自己绝对做不到，但当你找到了那个内在的动机，你就知道这是你必须去做的。那可能是一个几乎无法完成的任务——你为公司勇敢站了出来，以某种方式改变了事情的进程。事情的经过是一个谜团，但你表现出了令人难以置信的勇气——像个傻瓜，但更像个英雄。

看看莎伦的事例。十七岁时，她就开始自己照顾自己。在和父亲又一次发生了激烈冲突后，莎伦在一个午夜离开了家。她带着她的母亲和双胞胎姊妹在几个朋友家寄宿了一段时间。后来，她找了一份工作来供养家人。

因此，莎伦总是愿意迎接艰难的挑战，且从不后悔。在一家大型制药公司负责数字营销项目的那一年中，莎伦就是这么做的：

我好不容易才得到负责这个项目的机会！在我之前，已经有10个人被委派负责这个项目了。公司依据这些人的表现淘汰了一部分，而留任提升了另一部分。团队需要重组，公司正试着雇用新的成员。在接手这个项目时，除了一些外部支持，我差不多需要独自一人负责全部的工作。我们必须更富创造性，而不能只是按照老法子做事。我告诉新来的团队成员，我们必须好好干，不然大家就得走人。我知道这可能让其中一些人感到压力太大，但我决定不再不痛不痒地工作，而是要进行一次大的冒险，结果要么非常成功，要么完全失败。从个人层面讲，如果我们胸无大志，那我们就只能是平庸之辈。我们必须迎头赶上，做出成绩。因此，我决定挑战极限。

仅凭 10 个人的力量，莎伦完成了别人无法做到的事，在这个数字营销项目上取得了巨大成功：

整个过程完全是一种地狱般的体验。我只是不想放弃。即便在那些最绝望的时刻，我仍然会选择熬夜加班，精益求精。你需要花时间团结、激励你的团队成员，但你也要保证项目能够完成。我必须引导他们的工作情绪并制定规则。这是一个压力很大的环境。我通过成功进行了几次小的冒险慢慢赢得了他们的好感。比如，我雇用了一位富有创新精神的，工作风格和团队成员以往所习惯的风格完全相反的代理人。

我在工作中一直非常争强好胜。只要有机会成功，我就会尽百分之百的努力。我以往的表现向高层领导证明了我能干好工作，将这个项目交给我是一个正确的决定。

莎伦向首席执行官汇报了项目的完成情况。《纽约时报》甚至为此项目专门写了一篇报道。两个月后，她得到了晋升。

接下来要讲的五个故事的主人公和莎伦一样，都在工作中展现出了自己远高于以往的坚毅、勇气和信念。希望他们的经历能向你证明，迎接巨大挑战，成为超级英雄是值得的：

- **如何成为一名职场超级英雄？**出生在一个偏远的小岛上，大卫的努力最终让他来到了纽约，得到了自己梦寐以求的工作。
- **当你力挑重担时会发生什么？**亚历桑德拉发现了一个不可告人的秘密，但只有她勇敢地担起责任去处理此事。
- **当工作和生活受到威胁时，你该怎么办？**两个“魔鬼”侵扰着伊丽莎白：一种奇怪的肾病和被她称作“恶魔化身”的上司。

- **如何做出最后的决定？**抱着一种激进的营销战略，萨姆在整个公司的反对声中坚守住了自己的立场。
- **如何与自己内心的超级反派进行斗争？**詹姆斯经历了非凡的成功，但他内心的恐惧可能会毁了一切。

超级英雄热爱冒险。他们中的大多数从很早开始就对冒险和未知展现出了极大的兴趣。危机会激发他们的能量。受到目标驱动，超级英雄会心甘情愿地做出巨大的个人牺牲，而他们得到的奖赏通常是职场中的最高荣誉。

但他们在很多方面都和你我一样。你想做一份没有风险或挑战的工作吗？（那会加速你的衰老。）对你而言，是否工作稳定性压倒一切？（时代变了，这种工作已经不存在了。）即便你只想舒舒服服地混日子，在某个时刻，你也不得不成为一名超级英雄。

当那一刻到来时，你会做好准备的。

那些没能打败你的挑战必将使你因此成长

> 踏上超级英雄之路的关键不在于你以往取得的成绩，而在于你如何面对前进之路上的障碍。

大卫出生在韩国济州岛。五岁时，来自爱荷华的一个摩门教家庭收养了她，给他带来了新的生活，但新环境让大卫适应得很艰难：

我的养父母告诉我，我很有天赋和能力，但我表现得并不出色。我总是处在中游水平。最令人沮丧的是我的潜力和我的实际表现之间始终存在反差。

被确诊注意力缺失症（ADD）为我的沮丧找到了原因，也让我明白了我应该如何应对。我开始吃药。这种病症是上天给我的一个礼物，但同时也是一个诅咒！它使我能够高度关注自己感兴趣的东西，但很难控制自己的行为。

大卫不得不一路接受众多的挑战：在辍学后坚持完成大学学业，找到一份工作，从信息技术行业跳槽到网络研发行业。努力工作加上好运眷顾，大卫开始在一家顶尖金融公司从事前沿金融系统工程的研发工作，这也是他迄今为止遇到的最大挑战：

我很害怕自己无法胜任这份工作。我以前都在小公司工作，从未接触过真正的精英人士。我对自己能否和现在的同事竞争感到担忧和恐惧。我并没有接受过关于如何成为一名优秀开发者的专业基础教育。我花费了很多精力来迎头赶上。每天上班的路上，我都会钻研数学、计算机科学和计算机算法教科书。

但我习惯于坚持己见并勇敢发表意见。我会在讨论中立刻说出自己的主张。我们当时正被一款用于快速处理大量数据的应用软件的研发难题搞得焦头烂额。数据处理时间每多出几秒，开支就要呈几何倍数增长。我想出了一种算法。它有点儿复杂，但在效率提升方面表现完美。

得到同行的肯定，看到我的意见被大家讨论并受到尊重，这些经历增强了我的信心。频繁地接触不同年龄层和有着不同经历的人，也帮助我克服了自己的恐惧。我不再位居人后。我已经可以协助资深工程师完成工作，甚至能够在必要时提出反驳意见，这些合作经历都极大地增长了我的见识。

大卫开始在这份工作上冒尖。他的新任务是攻关公司投资的一个新型商业项目。公司的目标是将该项目打造成金字招牌，其规模超出了大卫的想象，这是一个旨在击败公司有力竞争者的宏大计划：

我们的团队成长得很快。一开始我们只有4个人，而现在我们已经有100多名开发者了！我们能够借着这个项目探索、学习并取得进展，这真令人兴奋。

这无疑是我参与过的最复杂的项目，每位合作开发者都贡献了无数行的代码。我意识到，我不能仅仅只是和同行竞争，还要努力超过他们。我很擅长解决问题，我对模式识别很有天分，并且擅长抽象思维。我相信自己。

我希望能作为解决问题的人得到别人的尊重。我认为自己有能力成为世界上最聪明的人之一！

作为一名有着强烈自我意识的谦逊英雄，大卫在走向公司副总裁的道路上，经受住了他所遇到的每一个考验。

启示

大卫并非一开始就是超级英雄。没有人能够预料到他的未来发展。如果有人说你不行，别听他的，别打退堂鼓。

踏上超级英雄之路的关键不在于你以往取得的成绩，而在于你如何面对前进之路上的障碍。你需要天生的才能和优势，其中也包括你的雄心、好奇心和创造性。你需要让自己全身心地投入一项具有极大挑战性的任务。你需要韧性、毅力和灵活性。换句话说，你需要勇气，很多勇气。

大卫具备所有的这些。每一个挑战都帮助他一步步克服了“自己不够好”这一根深蒂固的恐惧，教会了他如何利用自身的优势达成目标，获得成功。

这就是为什么英雄之路坎坷崎岖。记住，沿途的停靠并非无谓的耗时或绕远，它们是你成长的必经之路。

承担责任的勇气来自使命感

> 通过让更多的人加入讨论，关注问题，承担责任，变革就能一步步实现。

进取心十足的亚历桑德拉出生在意大利那不勒斯。她的父母从事的都是医药方面的工作，但她想尝试一些不一样的。在最终找到自己想做的工作之前，她已经换过三家公司：

我最早加入的是一家咨询公司，我希望在那里学习管理技巧。后来我决定尝试一下消费品销售。实现销售目标后，第二家公司的工作就让我感觉不到任何挑战性了，于是我又加入了另一家咨询公司。当我的年龄快要迈向30岁时，我意识到该公司没有培养女性领导者的计划，所以我又到了第四家公司，也就是现在这家公司。与以往截然不同的节奏缓慢、勤恳工作的环境带给我很大的震撼。我工作很努力，两年后就得到了晋升，三年后，我被选入公司的领导者培养项目。

充满雄心并且信念坚定，亚历桑德拉努力为自己的理想而奋斗——尽管只有独自一人：

我发现和公司的竞争对手相比，我们的一条生产线的成本结构不够合理。我发现了一个可以缩减30%成本的方法，并且认为当前就是指出问题的正确时刻。我召集了相关部门的领导——他们的职级都比我要高上两级，在会议上提出了我的方案，并提出了可行的措施和背后的理由。可能是第一次，有人公开地指出了公司生产环节存在的这个重要问题。通常，此类讨论会议会充斥着争吵声。但这次，其他参会者都默不作声。我感觉好像是自己故意挑起了争端一样。

后来，一位我非常信任的领导给我打电话，让我去他的办公室。他对我说："你必须改改和人交流的方式了。你很年轻，而其他与会人员都是资深人士，你不该告诉他们应该怎么做。"我很震惊。我一下子对这个领导者培养项目失去了信心。很明显，他们不想采取行动。他们总有借口。他们不愿打破一些所谓的潜规则。

接下来的两周，我陷入了困境。上班时我的感觉很糟。由于我的说话方式和我希望打破沉默采取行动的意图，一些人开始联合起来抵制我。我感到难过，也很愤怒。渴望在一家珍视创新和团队精神的公司安身的梦想变得支离破碎。

但我没有放弃，一直尝试着让更多的人参与到讨论中来。渐渐地，我在公司内部掀起了一场风浪。每次受到别人质疑时，我都会回过头进一步完善我的方案。情况开始变好，更多人开始关心起这个问题来。它变成了一项我必须完成的任务！公司的全球首席执行官也开始关注此事。我的上司离开了，因此我必须直接向首席执行官报告。后来，首席执行官重新审议了此事，终于决定进行全面整改。

这位首席执行官还向公司的全球领导者培养项目推荐了亚历桑德拉。亚历桑德拉是一位真正的超级英雄，她做到了其他人无法做到的事。

启示

亚历桑德拉没有想到会遭到中级领导层的联合抵制。但通过让更多的人加入讨论，关注问题，承担责任，她成功实现了变革。每个关注者的加入都是对她的支持。积少成多，来自这个规模渐增的群体的呼吁吸引了首席执行官的注意。

如果公司的全球首席执行官没有进行干预，也许亚历桑德拉的声音就不会被人听到，或者是会一直遭到忽视。无论如何，她已经充分了解到一家公司是一个有着不同派系相互制衡的系统。尽管为寻求支持者做的准备工作减慢了亚历桑德拉推进改革方案的进程，但她通过这种方式让更多的人关注了问题，同时也让他们背负了一份推进方案的责任。群体规模的确关系重大。如果提出方案的只有一人，那么她就只是一个单独的异议者，但一个群体的呼声带来的就是一场变革的海啸了。

亚历桑德拉的勇气来自她维护公司利益的使命感。她告诉我："我想知道我们这代人是否有一种通行的方式，能够让我们去更快地改变世界。有没有一条我们共同奔向的河流？"

有时，这个世界就是需要一位年轻的女性，一位普通公民，戴上超级英雄的披肩，去做正确的事。

被动等待不如自我拯救

> 你会感到害怕，无助，尊严全无。你可以等待一个超级英雄来救你，或者，你也可以自己成为那个超级英雄。

旅行是伊丽莎白生活的一部分。这是伊丽莎白的幸运，因为旅行帮助她做好了随时迎接不确定性和变化的准备：

我很小就开始旅行。我的父亲受邀回到中国，在广州待了三年。我和母亲则住在俄亥俄，但也不时地会去中国看望父亲。我 15 岁时就自己坐飞机去了加拿大。大学时，我前往爱尔兰进修。我还自己去了厄瓜多尔，并在救世军组织担当了一段时间的志愿者。我一直在思考该做什么，当有人给我分享了一张冰岛的照片后，我立即下定了决心。第二天我就动身出发去冰岛了。

旅行培养了我的好奇心。我的收获越多，就越觉得不够。我已经习惯于和陌生人见面并进行随意的交谈。我想让人生的每一刻都变得有意义，毕竟一个人只能活这一回。

因此，当工作和生活发生冲突时，伊丽莎白已做好了应对的准备。来自全国各地的7名毕业生得到了进入一家大型消费品公司实习的机会，作为其中一人，伊丽莎白选择了前往自己从未去过的一座城市的分公司工作。因此，当她在异地他乡病重时，她也只能独自一人与之抗争。在接下来的几年里，伊丽莎白一直与病魔斗争：

我得了一种病，这种病会让人体随尿液流失蛋白质，没人知道如何治疗。医生在我身上进行了反复的试验。他像对待一只小白鼠一样对待我，给我开了很多药方，而我根本分不清它们的疗效。我多次进出医院急诊室。我只知道自己得了一种重病，且没人知道病因。

在电影《肖申克的救赎》中，其中一个角色说过："我猜最终所有关于生命的选择都能归结为同一个——你要么忙着生活，要么忙着去死。"有时我甚至连从沙发上下来的力量都没有，但我仍会呼吸，并且知道自己可以微笑。

我必须得承认这个事实：我并非不可战胜，我的生命必然有终结的那一天。我可能在下一次眨眼就会垮掉。

而与此同时，伊丽莎白继续在一个由一位恶魔般的上司所带领的会计销售团队工作：

她简直就是"恶魔的化身"。我当时刚被确诊，必须要去看医生。而她说："好吧。我们现在工作正忙，如果你不得不走，那就随便吧！"我崩溃了。我感到愧疚，我来自一个传统的亚裔家庭，对我而言，干好工作是很重要的。

就职场而言，我还很年轻，所以我多少会犯些错误。而我的上司会严厉批评我的每一个错误，包括一份还根本没有送到客户手中的文件中的措辞问题。她曾经为此打电话叫我到她办公室，重重关上门，然后把我还没完成的文件扔到空中，跟我说："这是什么东西？"我不知所措地低下了头，而她立即用手指着我吼道："看着我！"离开她的办公室之后，我躲到办公柜后面哭了起来。

她真是一个混蛋！第二天，她用电子邮件给我发了一份工作清单，之后，在我完成她布置的任务时，她对我进行了全程的监督。我感觉自己很渺小，完全陷入了困境。这种尊严全无的感觉真是太糟糕了。她对待我就好像我根本不值得尊重一样。我不得不每天提醒自己，你还活着，你可以选择你表现出来的态度。当一个人以如此恶劣的态度对待你时，你就更需要正确看待自己，并保持坚强。

当我最终告诉我的母亲所有这一切时，她对我说："这是不对的。她怎么敢这样?!"团队的其他人也没有向人力资源部门反映过这个问题，因为他们害怕报复。但我不害怕。我告诉了同一办公室的另一位主管。人力资源部门的领导随后介入。这个恶魔般的上司终于被解雇了。

最近，伊丽莎白的身体状况好了很多。她在别处找了一份很好的工作，并且开始进行更加大胆的长远规划。

启示

对伊丽莎白而言，放弃是很自然的选择。不过，她没有丢掉斗志，在与严重疾病抗争的同时，她也没有向那位恶魔般的上司屈服。这正是一位超级英雄的表现。

每个人迟早都会遇到工作中的严峻挑战。可能充当导火索的负面事件包括频繁的出差、管理层的裁员决定和你的离职。此时你会感到害怕，无助，尊严全无。你可以等待一个超级英雄来救你，或者，你也可以自己成为那个超级英雄。

当最坏的情况已经发生之时，你就没有什么可再害怕的了。关注自己所能掌控的事，伊丽莎白发现自己可以也应该采取行动。风险带来的负面影响很有限：她的新婚丈夫有健康保险，她自己也能够承受由此产生的后果。伊丽莎白说："当连你的健康都受到影响时，工作上的忍让就完全不值得了。忘记那些干好工作是本分的大道理吧，即便你干得是你梦寐以求的工作！"

先有一个好身体，再谈及事业发展，伊丽莎白正是这样做的。

将超越自己当作终身事业

> 一旦决定好了要去做正确的事，就放手拼搏吧。为了克服眼前的障碍，灵活调整你的计划。

萨姆在澳大利亚长大，他目睹了父亲从一名普通的银行职员成长为金融企业家，从一贫如洗发展到财源广进。对蹦极这类极限挑战的喜爱，更增加了他对冒险的兴趣：

我热爱峡谷漂流——从山间的河流顺流而下的感觉棒极了。这是探索自然和找到自身极限的绝佳方式。有几次，我差点儿因此丢掉了性命。其中一次，我摔断了腿，被困在一个瀑布里好几个小时。这让我对工作有了更多的思考。工作不会危及你的生命，并且经历过死亡考验的人能更好地应对压力并拥有更多的信心。

我总是欣赏那些能创造奇迹的人。我的父亲帮助我意识到，即便在一场会议中，其他人的意见彼此一致，而只有你的观点与众不同，你也仍然有可能是正确的。你的想法需要经受的是现实的检验，会议室里的赞同或反对不能说明问题。

当萨姆被调任去领导其所在的消费品公司的一个创新项目小组时，他十分兴奋于自己得到了这个机会：

我的新上司说我看起来很擅长解决问题，完成任务。我发现公司领导并不知道他们想通过这个项目达成怎样的目的。这是一个重要的全球性项目，规模很大但利润很低，处于表现下滑和无人问津的状况。情况很严峻，缝缝补补式的改变不可能扭转局面。我必须采取颠覆性的措施。

听起来可能有点儿自负，但我的想法和战略从第一天开始就很明确。的确，条条大路通罗马，而我选择了一条非常冒险的路，但我坚信自己能够克服前进道路上的每个障碍。能遇到一个真正困难的挑战很鼓舞我。我的满腔激情和叛逆个性找到了一个能有效转化成生产力的出口。

我为公司奋斗了 18 个月。管理层对我的报告表示认同。我知道自己是正确的，我将找到穿过森林到达目的地的方法，虽然我还要拖着身后的公司一起前进，这真令人疲惫不堪。

在三级领导都分别通过了方案后，一位高级主管同意了我提出的新战略。之后，萨姆立即投身于他的下一个任务——继续克服更多的障碍：

我将计划递交给执行团队。令我失望的是，他们根本没有弄明白这份方案。这简直就像把自己的孩子交给别人。我开始尝试着把自己的责任心转移到其他领域。我发现了一个新的商业挑战，而其应对方式与我之前做的事有很多相似之处。

可是我的新团队只会高谈阔论那些老生常谈的关注点。我觉得作为一个团队，我们没有从之前的经历中学到东西，这很令人沮丧。如果会议室里参加讨论的人太多，你就不会得到太多有价值的东西了。我还学到，如果你准备做出牺牲，你必须确保你是为了你所珍视的理由而做出牺牲的。人们从来不会明确告诉你你是正确的，而他们错了。这种童话故事般的结局是不存在的。

六个月后，我来到纽约任职于公司的全球市场营销部门。我想专注于发现并解决挑战，而不是仅仅去做一个大型机器里的小齿轮。我想成为一名自由、独立的决策者，全时应对危机。

萨姆的超级英雄战略给公司带来了巨大的利润。他的事业不断取得进步，在每个职位停留的时间都不超过两年就迅速得到了晋升。

启示

正如萨姆了解到的那样，参与对公司发展具有巨大影响力的项目是一件令人兴奋的事。而一旦决定好了要去做正确的事，就放手拼搏吧。为了克服眼前的障碍，灵活调整你的计划。萨姆建议道："计划的内容并不重要，重点是你正朝着正确的方向前进。不要拘泥于计划的细节。"

长年与惰性和对改变的抵制进行斗争，你的精神也多少会有所磨损。萨姆是通过攀岩这种高强度的体力运动来保持和恢复自己的能量的。他说："每个人都有一些能被装进瓶中的负面情绪。你必须每周把瓶子清空，以便重新开始。"

超级英雄最显著的特征在于他们最珍视的东西：成为一名自由、独立的决策者。除了下一场令人兴奋的挑战外，这对萨姆而言也是最重要的东西。

感到害怕时仍然放手去做

> 爱是詹姆斯的超能力。希望把事情做得更好的动力源自爱，对未来的乐观也源自爱。

被亲生父母所抛弃，詹姆斯的童年过得无比艰难：

在我还没读完小学时，父亲就从我的生活中消失了。我的母亲深受精神疾病和毒瘾的困扰。一天，我的祖母让我坐下，跟我说，母亲被戒毒所赶了出来，但她没有回家。母亲从前是我的梦想守护者。如果我对她说："妈妈，我想当一名消防员。"她就会对我说："宝贝，这很好啊。"无论怎样，她都会支持我。

而母亲去世后，我不再相信梦想之类的东西了。正当我准备自我放弃时，一群刚干完木工活的工人发现了我，走过来对我说："我们能帮你什么？"他们将我从绝望中拯救了出来。这段经历让我开始认真思考创伤和苦难的意义。我很早就意识到，并不需要太多的花言巧语，你就能拯救一个受到惊吓的、孤独的孩子。

詹姆斯的简历含金量很高，包括良好的教育背景，在法律界、投资银行和政界的实习经历，以及几段很好的工作经历。也许正是其独特的人生经历导致他脱离了"常规轨道"，选择自己成立一家以项目为导向的初创公司：

那些富商和上层人士都认为我的想法很糟，但我自己觉得这是一个很好的点子。如果很多人都跟你说你疯了，那你没准儿真能干成大事。我们自力更生，在蒙大拿的奶牛牧场安营扎寨，给当地商人打推销电话，询问我们是否可以为他们提供帮助。他们都在尝试解决这样一个基本问题——如何让社区变得更好？

我相信自己能干得更加出色。对于一个人是否活得有意义，其衡量标准除了个人成功之外，还有很多。

从商学院毕业后，詹姆斯的创伤又浮出水面。他深藏于内心的恶魔回来了，要毁了他辛苦积累的一切：

公司开始小有成绩。我回到学校发表了毕业演讲。我还上了杂志封面。然而，我深深意识到我自己这艘“船”上的裂缝，我的痛苦、伤痛，我的不宽容、恐惧及诸多弱点，在前进之路上我忽视了这些东西。我对我的个人困扰深深影响了公司发展这件事感到惊慌。第一次，我被迫面对这一切。我意识到，我必须认真对待自己，从创伤经历中真正恢复过来，以免因此拖累公司的成功。

天哪，究竟发生了什么？这是我人生中最糟糕也是最重要的一年。我无处可逃。我没有其他的工作可做或学校可上。我没有避风的港湾。我所面对的就是我的现实生活。

詹姆斯陷入了困境。为了拯救自己和公司，他开始向朋友寻求帮助，甚至寄希望于上帝的拯救：

我相信除非你从中学到了你应该要学到的东西，否则困境会一直存在。我发现自己的大多数困扰源自恐惧。我对自我价值的错误认知也是缘由之一。当我的好朋友问我“你怎么了”的时候，我仍然无法对他们全盘托出。好在之后他们对我说：“我们会和你站在一起的，而且这不仅仅是为了你。”这让我意识到我并不孤单。大家都会经历同样的事。

有一次，我半夜被噩梦吓出一身冷汗，然后我起来立即写下了我认为自己害怕的每样东西。意外的是，它们在这张纸上看起来渺小了很多。我需要工具、他人的视角和更多的空间去做我认为我需要做的事。之后，我开始一步一个脚印地往前走——面对恐惧，热爱恐惧。爱是一种练习，自爱则是其中的重要环节。

如果我濒临死亡，那么罗列自己具有何种美德这件事就变得无关紧要了。如果我今天就要离世，那么我会希望我的一生过得如何，希望得到别人怎样的评价呢？让自己陷入眼前的困境毫无道理，我每天害怕的东西也毫无意义。但我也不会就此变得毫无畏惧——说自己从不害怕的人一定是个彻头彻尾的骗子。

詹姆斯经历的种种考验，让他做好了迎接超级英雄式的巨大挑战的准备。四年多过去了，他和他的公司都变得更加强大。

启示

面对内心的童年创伤和一直未曾克服的恐惧时，詹姆斯逐步更换了其原本百害而无一利的思维模式。信仰帮助了他，他的好朋友也支持了他，而爱拯救了他。詹姆斯在帮助别人时最喜欢问的问题是："如果你不害怕，你会怎么做？"勇气是在感到害怕时仍然放手去做的一种能力。

爱是詹姆斯的超能力。希望把事情做得更好的动力源自爱，对未来的乐观也源自爱。爱、希望和乐观能战胜恐惧，也可以带来深刻的改变。詹姆斯拯救了自己，但他有着更大的使命——激励下一代创业者，改变社会发展的进程。

这才是超级英雄要做的事。

迎接职业挑战的行动指南

你也许还没有做好当一名超级英雄的准备。但是，你的使命至关重要，你已无路可退。你会做出前进的决定，你会直面恐惧并做好战斗准备。因为对自己的目标抱有坚定的信念，你将一往无前。你将发挥出自己尚未被发掘的潜能。和你的团队一起，你的成就将不可限量。

超级英雄的经历能给予你一次高峰体验，它将挑战你的极限，这涉及长时间的工作、无尽的压力和非凡的努力。很多顶尖的从业人员正享受其中。这些经历将会成为他们今后向同事、朋友、伙伴和孩子们炫耀的谈资。

本章的故事主人公都是经历了超级英雄式的挑战的普通人。莎伦本可以采取缓兵之计，但她没有这样做。为了挑战自己，大卫提出了一种大胆的解决方案。亚历桑德拉敢于向领导层的沉默发起挑战。伊丽莎白和办公室恶魔展开了斗争。萨姆领导了一场变革，詹姆斯则进行了一场爱与恐惧、善与恶之间的战斗。他们的经历令人赞叹。

超级英雄式的挑战是所有其他挑战调至最大难度后加起来的总和。下面的建议将帮助你更好地应对它。

全身心投入

这项超级英雄式的任务可能就在你眼前，但你仍然需要去发现它。你可能知道什么是正确的事，但还不能完全确定。或者，你可能已经完全确定了，但还没做好准备。睁大双眼，评估现实情况。这项超级英雄式的任务需要你全身心投入才能成功：

- **评估任务。**通过以下三种方式测试可行性。
    - **发现任务的意义。**这是一个你为你的公司或你所在的社区去做正确之事的机会吗？这是一个你将会和伟大之人一起共事的机会吗？它能带动你的个人发展和事业发展吗？满足上述条件之一，你就可以放手去做了。
    - **进行动力评估。**你会因遇到意料之外的挑战而兴奋激动吗？或者，你会因为机会旁落他人而感到痛苦吗？你应该在心中设置一个"期待阈值"，如果你一想到这项任务就心跳加速，这就是一个好兆头。

- **进行合适度评估。**你的背景、工作经历、领导风格和人格魅力可能会让你成为这项任务的理想接手人。但客观而言，你能够应对这样的挑战吗？或者，这是否是一件任何人都能完成的事？如果你感到跃跃欲试，保障前两项测试通过再启动你的第一步。

- **评估自己。**超级英雄们也许都有各自的日常工作，可一旦他们投入拯救世界的任务，那么其他任何事就都不重要了。你也需要这样，评估自己的投入度，你需要投入百分之百——甚至更多。
  - **评估你的能力。**做好在高度公开、高风险及快节奏的环境中生活的准备。如果你更希望在工作和生活中寻求平衡，那么你可能并不适合这项任务。将平衡扔出窗外，找到进一步发挥自己潜能的方式。
  - **保持乐观态度。**应对超级英雄式的挑战，你需要坚信自己所做之事的正确性——尽管未知和不确定性始终存在。怀疑者会提出问题，让你降低对自己的信心。你需要具备克服困难去实现目标的信念。
  - **建立你的后援团队。**超级英雄也需要优秀团队成员的支持。同样，你也要找到信任你和你所做之事的支持者，和他们分享你的决定。

成为日常生活中的超级英雄

你即将面对难以置信的巨大挑战，它需要你具备你可能尚未开发出来的能力。你不是闭上眼准备跳下飞机，而是正奔向广阔宇宙。你现在是一名宇航员了！

- **相信自己的使命。**当你身先士卒时，其他人会更信任你。这是领导力的真谛，是你必须坚守的原则。你需要宣布你的决定，但你更需要充分相信自己所做的事是正确的，这样别人才会愿意跟随你。
- **在压力下保持镇定。**你正处在一个高压环境之中，稍不注意就有可能崩溃。确保自己专注于真正紧要之事，不被纷杂的待办事项压垮。同时要记得照顾好自己。记住，健康是干好工作的必要前提。
- **习惯于在犯错后迅速复原。**你要着手去做的事是一项非常复杂的工程，因此规避所有的错误是不现实的。在犯错之后好好道歉，尽力弥补，然后继续前进。找一位职场经验比你丰富的成员、一位旁观者来做你的教练，他能帮助你应对职场中的人情世故。
- **倾听他人的有效建议。**人们会给你评价，为你提供各种建议。认真倾听，但没必要事事照做。在完成重要使命的过程中，你必然会让某些人失望。
- **学习他人的经验。**换位思考，认真倾听。花时间建立你自己的团队。当发现自己能在一个团队里发挥更大的价值时，人们会表现得更出色。
    - **抱有积极的态度。**通常情况下，人们不会主动伸出援手。但如果你真的帮助了他们并表达出了你对对方的尊重，他们就会投桃报李。有些人必须经历若干阶段才会相信你——从惊讶到怀疑，再到好奇直至兴奋。别放弃他们。那些从前的怀疑者也有可能会成为你最忠实的拥趸。
    - **保持冷静。**对别人的建议保持好奇。如果他们只是妄加批判，那就用事实反驳他们。他们很可能并不了解实际情况，在这种情况下，你应该冷静地告诉他们真相，而不要夹带抵触情绪。要注意在激情和理性之间保持平衡，二者不可偏废，否则你就会失去人心。

- **直面办公室“恶魔”——还有你的恐惧。**有时，为了一起寻找解决方案或推进项目进展，你不得不和抵制者、阻碍者和反对者打交道。在产生矛盾之前，先试着理解他们。
  - **你尝试去做的事是有难度的。**在你之前尝试过这件事但失败的人也都不是傻瓜。我们大部分时候都忘记了这点，而专注于批评那些不同意我们或阻碍我们的人。在反驳之前，先看看他们之前做了什么，为什么他们失败了。
  - **使用恐惧核查清单去找到你的困扰之源。**看看你的恐惧属于哪种类型：感觉被无视或被忽略，感觉自己像个骗子或者没有价值，感到不确定和迷茫，感觉你即将无法控制事态或让人失望，感觉失去自由，感到无助，感到被拒绝或被抛弃，感觉自己是不公正遭遇的受害者或见证者。当你找到自己的恐惧属于哪一种时，刨根问底，然后改变自己的思维模式。
- **利用好你的职场引路人。**在职场资深人士的帮助下，你成功的机会会大大增加。每个人都要走过绝望的峡谷，此时正是寻求支持的绝佳时刻——你的职场引路人能帮你面对恐惧，解开心结。
- **在万众瞩目下保持镇定。**你会成为众人关注的焦点，即使你仍然缺乏足够的勇气或信心。当你需要宣泄时，找一个你非常信任的团队成员聊一聊。这就是为什么蝙蝠侠的身边有罗宾。
- **接受未知。**你将面对的最大风险是没有及时意识到计划方向上的错误。因此，在专注于目标的同时还要保持灵活性。为了配合他人的行动，你很可能需要进行折中和妥协，你还可能会犯很多错误。但只要你的大方向正确，这些都是可以容忍的。

留有后手

你面对的是守护宝藏的两条恶龙：公司的抵制和自我怀疑。这些恶龙一直存在。如果你拿到了宝藏，你将得到无数个新的希望你拯救世界的请求。要记住，你很难永远做一名英雄。最终，你的好运会用完，或者恶龙要比你更强大，此时最好的选择是放弃任务。无论如何，你都需要给自己留有后路：

- **评估危险性**。在一场战争中，我们必须冒着生命危险去战斗。但工作不是战争，即便二者感觉没什么两样。如果你感觉自己的生命正受到威胁，那么是时候考虑退出了。
    - **注意危险信号**。如果你已走得太远而你自己还不知道，记得让别人及时干预。如果你已筋疲力尽，想办法休息一下。如果你已力不从心，一定要去寻求他人的帮助。你没有必要为任何事陪葬。
    - **看准离开的时机**。提前决定离开的时机，而不是硬着头皮完成任务。找到“当何事发生时，我会转头离开”这个问题的答案。
- **避免狼狈退出**。尽早和你的职场引路人讨论一下你接下来的可选选项。仅仅关注于眼前的事务很容易，但不要忘记考虑自己的未来。
- **规划你的职业**。你可能会发现，超级英雄式的工作正是你想要的，或者，你更希望这次的经历是仅此一次的体验。在完成超级英雄的下一个任务之前，记得与周围的人进行必要的对话以设定大家对你的期望值——不要太低也不要太高。
- **离开是非之地**。无论成败，英雄都会成为众矢之的。你可能拯救了一座城市，但仍然不受市民的欢迎。在你不得不离开之前就做好离开的准备。记住，你的经验对你的下一份工作是十分宝贵的。他们会欢迎一个货真价实的超级英雄。

来自做一名超级英雄的高峰体验会让人筋疲力尽。尘埃落定后，好好休息一下。当一段无比刺激的经历结束后，你可能会感到失落。失去挑战的生活会让人感觉平淡和倦怠，但你必须抓紧时间好好休息。最好的休息方式是重回平静——度假或投身于日常工作。

利用这段时间思考自己在这段经历中学到了什么。花时间为自己重新加满能量。如果可以的话，放慢节奏。专注于体验和感受当下发生的事是一种快乐。这对那些对你寄予厚望的人而言也是一件好事。

过不了多久，你就会恢复成能量满格的状态——无论是否需要你再做一次超级英雄，你都已做好准备。

/ 第十一章 /
反脆弱

有时，工作会出乎意料地将你打入谷底。一切都让人猝不及防，你遭遇的是一个可怕的意外。你无法逃出生天，但逆来顺受也不是什么好办法。你的本能反应是放弃，但这对你的事业没有任何帮助。震惊之余，你试着整理思路。但如果不幸之神降临，困难可能会立即堆积如山：你会因挫折而生病，你的人际关系会变糟，你会睡不着觉，你放弃了锻炼，你开始暴饮暴食——你陷入了绝境。

人们可能会告诉你："要看到积极的一面。"他们一定是在开玩笑！当黑暗的力量降临，一切积极的想法都将被碾得粉碎。假装乐观就如同把羽毛当作武器。除非你拿的羽毛有什么超能力，否则你很快就会一败地。

这种倒霉事就发生在了10岁的列弗身上。他的母亲是俄国人，也是一位因报道苏联解体而上了俄国政府黑名单的记者和编剧。最近，他的母亲又录制了一档揭露政府犯罪的节目。她是一名单亲母亲，列弗是她的独生子：

母亲受到了威胁，因此她申请了去西方大学的教学研究奖学金。我们到了纽约。在我们本该回俄国的那天，叶利钦被弹劾了。我之所以记得这件事是因为当时我们正在肯尼迪机场看电视报道。我告诉母亲，她可以回国，但我决定留下来。我从小就有自己的主见。母亲听从了我的劝告，虽然有些不情愿，但她同意和我一起留下来。

我们在纽约非法定居下来，学着克服各种困难。我们四处为家，尽可能避免了流浪街头。我们是幸运的，我是当时年龄最小的俄国难民，此领域的律师将我的例子引为典型案例。其中，那位首席律师的父亲出于好心给我们提供了一间公寓，并供我读了私立学校。

但正如其他难民一样，我也感觉步履维艰。没有合法的居民身份这件事一直是个隐患。好在准备进入大学时，幸运女神又光顾了我。美国第一位黑人国务卿科林·鲍威尔参观了我们学校，而我受邀和他见面。我告诉他，作为难民，我们的身份文件丢失了多年。此后不久，我就得到了加入校园英才资助项目的面试和考试的机会。

我能很好地应对危机，因为我知道真正的危机是什么样的。我知道如何创造一个安全的空间，让自己有充足的时间和精力去确定问题是什么并解决它。盲目做事解决不了问题，你只是在用忙碌麻痹你的感觉。

危机塑造了列弗看待问题的视角，让他能够帮助其他的移民学生实现更大的梦想。现在，作为校园英才资助项目的负责人，列弗正致力于帮助学生实现梦想：

在这个项目中，我们需要从收到的1800份申请中筛选出120个被资助人。淘汰率真的很高，竞争很残酷。那些孩子不相信政府的公信力，而我则需要向他们展示规则是有效的。他们开始意识到，自己可以拥有此前无法想象的未来。

比如，其中一位被资助人是一名来自希腊的大三学生。我发现他的档案里有些东西被忽略了。他的数学和古典文学的平均绩点达到了3.98分的高分（满分为4分）。我们当时正准备安排优秀的学生进行夏季实习，但这名希腊学生一直在当地超市打工。我打电话给他，和他讨论研究生学院的事。而他说："那些高端的地方不适合像我这样的人。"在劝说他的过程中，我给我的一位邻居打了电话，这位邻居曾任职牛津大学古典文学导师一职长达60年。

列弗和他的邻居一起说服了这位学生考取了硕士学位。此后，这位学生又继续考取了博士学位。

我们总是会被主人公大获全胜的故事吸引，尤其是当主人公是来自社会底层的小人物，运用智慧和意志克服了重重困难的时候。实际上，身陷困境，不得不克服重重困难才能找到一线生机的情形，我们这些普通的职场人也能体会。下面的故事能帮你在艰难时刻找到转机：

- **如何做好准备？**曾在军队服役的玛乔丽习惯于面对战争中的困难，这为她踏入职场做了很好的准备。
- **如何知道自己陷入了困境？**正如杰夫所经历的，有时你会忽视危险的信号。不知不觉间，你就迅速被流沙吞没了。
- **当灾难降临时，你如何应对？**直到灾难降临前，乔纳森的初创公司一直运转顺利。
- **如何熬过痛苦时期？**被赶出自己参与创立的公司，萨曼莎的愤怒和耻辱感愈演愈烈。
- **努力向前究竟意味着什么？**当工作和生活发生矛盾时，斯科特必须采取行动了，否则他就会满盘皆输。

你需要根据自己的痛苦承受能力，来决定什么样的困境才能被称为“绝境”。这不是无期徒刑，你会由此变得更加强壮和坚强。拥抱苦难能为你带来转机，至少它代表你进入了人生的一个新阶段。没人说你一定要享受苦难。此外，在第一次危机过去后，你就会变得驾轻就熟，能够更好地处理下一次挑战。

如果你打算继续在职场打拼的话，那你肯定还会遇到下一个陷入绝境的时刻。

在准备才能有选择

> 做好身处困境之时的应对准备。你肯定不希望自己到了那个时候还没有掌握求生的手段。

玛乔丽以自己出生在美国蓝领小镇的背景为骄傲。她的父母很重视教导他们的九个子女要有公民意识和社会服务意识。2001 年 9 月，那场震惊世界的恐怖袭击发生了，这促使玛乔丽选择了军旅生涯，在前线带兵打仗，而不是就读于研究生院：

为了交学费，我的大姐参了军。当柏林墙倒塌时，她正在德国服役。当时我才 7 岁，我记得我看到了里根总统的电视演讲，他说："拆掉这座墙！"我当时在想，我姐姐就在德国呢，这真了不起！她带回了柏林墙的一块碎片，我还摸了摸它。这让我相信，我们可以将世界改造成我们所希望的样子。

这就是为什么我响应了参军的号召。我们必须为自己和别人挺身而出。我不想坐在场边看着其他人战斗。我想要亲身经历这一切，因为美国即将发生变化，所有事情都将发生变化。

玛乔丽在陆军预备役服役了 10 年，包括 2 年作为指挥官进行作战部署的经历。晋升为前线指挥官后，她常遭遇不如意之事。比如，在她的丈夫刚执行完一项为期 15 个月的任务后，她就立即被召唤去执行下一项任务。她和她丈夫本想要个孩子，但还没来得及，她便被派往阿富汗：

我想，我们就不能休息一下吗？所谓烦心事就是你在生活中不想经历的事。没有人想被告知他们必须离开自己的伴侣三年时间，也没人想被告知自己得了癌症，或没有得到职务晋升。这些事让人感觉很糟。你当然可以就此发发牢骚，因为这不是你想要的，但你还是不得不接受它。你必须习惯这些事情的发生。你要面对它们。是的，你会感到不舒服，但你必须努力适应。

假设你正在驾驶一辆运输车，突然之间，你遭到了伏击，很多人朝你开枪，此时，一些人可能觉得你应该停下来去找到敌人，还有一些人会寻求支援，掉头撤离，但根据我所接受的军事训练，我们只能猛踩油门，尽快通过这块区域。如果你闯过去了，你幸存的概率就会大大增加。这听起来可能有悖常理，但只有这样做你才能活下来。

服完兵役后，玛乔丽接受了一家大型非营利公司的邀请加入其董事会。在做了 18 个月的总裁和首席运营官后，她希望自己更进一步，成为公司的首席执行官，但此时她又遇到了麻烦：

当我最初进入这家公司时，我的设想是自己会在这里待上 10 年。董事会已将我列为首席执行官的接班人。原首席执行官原本计划在三至五年内退休，后来这个时间又推迟到五至七年。显然，她有“创始人综合征”。我开始不断听到支持她不退休的人的声音。既然原首席执行官不打算离职，那么我就必须要离开了。我不知道我具体该何时走，但我想在自己还充满精力并掌握主动的时候离开。

我的原则一直未曾改变——不论是在日常生活中还是在高压环境下，我都会待在自己应该待的地方。我想，这次我不会主动挑起斗争。我爱自己的工作和职业，但我要让这位首席执行官知道她做了什么。

这与我自己是否真正当上首席执行官无关。我不需要这样的奖励。

玛乔丽改变了自己衡量成功的标准，以一种更好的状态离开了公司。在离开的那一刻，玛乔丽感到自己仿佛赢得了一场战争的胜利。适应能力很强的她，又翻开了自己人生的新篇章。

启示

直面困境对士兵来说很关键，对我们大家也是如此。做好身处困境之时的应对准备。你肯定不希望自己到了那个时候还没有掌握求生的手段。正如玛乔丽所说的：“你应该身未到，心先至。”

体能训练是一种很好的准备方式。它能增强你的身心健康。你会发现，自己能比想象的做得更多。在工作中，更经常地将自己置于挑战之下能够取得同样的效果。

不断激励自己也很重要。服役期间，在某次处于低谷时，玛乔丽收到了丈夫寄给自己的一颗圣诞树，闪闪发亮。她不假思索地往口袋里装了一些圣诞树挂灯，回到了自己的集装箱式军营驻地。她说：“这些灯提醒了我有人爱着我。当你经历低谷时，记得保持清醒，你也可以点亮自己心中的圣诞树。”

得过且过很容易。但当我们遭遇困境时，我们将被迫区分出事情的轻重缓急，因为此时我们会不由自主地关注那些真正重要之事。

从这种意义上讲，困境也是件好事。

关注解决方案而非陷于问题本身

> 如果你满脑子问题，那你只会找到更多的问题。如果你转变思路，关注于找到新的点子，那你就能找到解决方案。

杰夫的命运在 2001 年发生了改变，那年他的父亲被解雇，而且始终找不到下一份稳定的工作。杰夫的父亲有好几年都处于失业的状态：

我不得不转变自己的思维观念。我意识到，对于像上大学之类的事我必须要依靠自己了，我甚至还需要养活我的父母。这让我事事都奋勇争先，希望能借此尽快获得稳定的经济来源。这给我带来了很大的压力。今天，我的经济状况有所好转，我感到自己有了更多的选择，但我仍要偿还学生贷款。

为了找到一份稳定可靠的工作（工程师），一个稳步增长的行业（消费品行业），和一家有着良好发展前景的优秀公司，杰夫拒绝了10个工作机会，才最终找到了自己的理想公司。那么，这就是皆大欢喜的结局了吗？

并非如此。几个月后，公司的管理层开始讨论是否应该关闭杰夫所在的工厂。随着员工数量的缩减，包括杰夫在内的生产一线主管越来越感到吃不消：

我一周工作7天，每周的工作时长高达100个小时。起初，这份工作很令人兴奋，但随着员工数量的减少，我们的工作负担越来越大。我强烈感觉到在这一年过完之前，自己的精力就会被耗尽。我每天设定凌晨4点的闹钟叫醒自己，一天要喝两瓶能量饮料才能熬过去。这太糟了。我记得有一次下班回家后我本来要准备和那名后来成为我妻子的女性进行第三次约会，但我竟然睡着了，完全错过了约会。

我和一个室友住在一起，但我下班后不想和任何人说话。我宁愿一下班就回自己的房间，把自己锁在屋里。我的身体很疲劳，情感上也很倦怠。我和我的团队成员过去曾开玩笑说，我们可以带啤酒上班，因为我们喜欢聚在一起。但现在，没人再提出聚会的邀请了。我们都累坏了，甚至有人因过劳而猝死。

一名员工向我介绍了公司的一位招聘主管。此前我一直试图寻找机会在公司内部做做工作。我去见了这位招聘主管，而她说："听着，你还在事业的起步阶段。你应该回到总公司和领导再谈谈。"我不想听到这些。我之前已经和领导进行了多次谈话，但是没有任何效果。我看不到那位招聘主管的话能带来任何变化。

在与领导的谈话再一次被证明无效之后，杰夫不得不开始尝试其他的方法。他联系了当初雇用他的那名人力资源部门的主管。两人之间的一次普通谈话成了杰夫职场生涯的转折点。最终，一位新工厂的主管邀请杰夫加入他的团队：

那位工厂主管和他的产品经理开导我，让我将眼前的情况视作一种机遇，而不是沉重的负担。他们让我后退一步，审视全局，而不是纠结于纷杂的细节。他们问我："我们能做些什么帮你让这家工厂起死回生？"他们让我知道，我是有办法的。他们尊重我的意见，还帮助我看到了做出改变的能力是我本来就有的。

为了让工厂重新恢复生产力，我们首先要做的是建立一套清洗机器的流程。这个任务看起来几乎不可能完成，但他们说我的沟通能力很强，人们会信任我的。我需要做的就是设计正确的流程。之后，我花了六个月的时间来培训机器操作员。最终，我们极大地提高了生产效率。这太棒了！

实践自己的想法并看到成效让我摆脱了困扰。在那些夜以继日工作的日子里，我知道我们会干出一番成绩。我也知道大家会跟着我一起努力，这给了我每天起床上班的动力。一天的工作结束后，我仍然能感觉自己精力充沛。当我开始逐步成长，而工厂的效益也有所起色时，那位产品经理跟我说："看看你把握住的机遇。你完全能够胜任这个角色，你很聪明，能找到解决办法。你知道这一点。"

这段经历改变了杰夫的命运和他的愿景。他很快晋升为工厂主管。更可喜的是，他开始梦想有一天能经营自己的公司。

启示

杰夫当然知道工厂业绩不佳，但他没有意识到自己也会跟着遭殃，陷入这样的困境。一旦你感觉很无助，你就会停止尝试，你会相信做什么也改变不了现状。如果你一直提出同样的问题，进行同样的思考，做同样的事，那你只会得到同样的结果。这是一个危险信号，提醒你是时候提出新的问题了。

新工厂的主管和产品经理提出了更具创造性的、引人思考的问题，从而改变了杰夫的思维方式，让他从纠结于各种细节问题转变为思考解决方案。比起找到问题的根源或指责某人，他们更重视建设性的想法。他们支持年轻的团队实践新的方案。

如果你满脑子问题，那你只会找到更多的问题。如果你转变思路，关注于找到新的点子，那你就能找到解决方案。对杰夫来说，这句话所发挥的巨大作用堪称奇迹。

严格遵守你的行动原则

> 确保你的行动指导原则不仅仅是空洞的口号，因为它们是你陷入困境时能真正帮助你的东西。

乔纳森的人生起步一片光明：他是一个受过良好教育的聪明孩子。此外，他还早早经历了困境，提前为以后做了准备：

大学第一年，我参加了曲棍球队，我受到了其他队员的影响，接纳了他们热衷耍酷的价值观。一天晚上，我疯过了头，喝得醉醺醺的，在公共场所小便，惹了一大堆麻烦！这太让人尴尬了。我和我的父母都被系主任叫去谈话。不过这也是件好事，它让我摆脱了自己的青春期傲慢，转而开始尊重学校教育。我开始关注一些真正有趣的事物：历史、赛跑和政治。

后来我进入一家金融公司，就职于政府关系部门。金融危机发生后，我的小组被解散了，我被调到并购部门工作。我的新工作和新同事都很令人乏味。我记得有一次和公司合伙人两人一起坐私人飞机去迈阿密出差。我发现这位合伙人只关注于自己的财富。如果我最后变得像他一样，那我就是一个真正的失败者。我想，你们不能付钱雇用我，就为了让我成为这样的人！

我本打算接下来去一家私募股权投资公司任职，但我意识到这也并不是我想要的。我决定彻底离开这个行业。

乔纳森和一个朋友创立了一家新型数字媒体公司。三年后，他们突然遇到了一个难题。他们发现，公司的首席记者实际上一直在抄袭。乔纳森的决定直截了当：将这名从一开始就没有付出过血汗和劳动的员工开除：

我曾经也很疑惑，他怎么可能一个小时就写出三篇文章？但我们此前一直致力于彻底改造这个行业，每个小时都要干很多事，所以这个疑惑就被我抛到了脑后。随着公司日益走上正轨，更多的标准被制定出来，他一直在写东西，但反响并不好。他有意隐瞒了自己的所作所为。

我觉得自己应该为他的错误负部分责任。我们一起共事很久了，他就像我的兄弟。实际上到处都能看到蛛丝马迹，只是我之前没有注意到。但40名其他员工的利益因为他的行为受到了损害。我必须公事公办。我以前也开除过别人，这次也必须严肃处理。

那个周末，我感觉很糟。你知道那种胃里上下翻滚的感觉吗？就是那样。你无法忽略那种感觉。我对我们如何从这件事中恢复过来心里没底，也不确定这对我们公司的发展意味着什么。我们的财政基础并不稳固，不能把更多的精力花费在对记者的写作加以严格管理上面。我实在不知道接下来我们该怎么做。

没有时间用来悲伤。对我们所有人而言，我们的事业就是我们的生活。我必须告诉公司员工到底发生了什么。他们对此感到震惊。作为领导，我必须激发员工的正面情绪。如果我情绪低落，那么每个人都会意志消沉。我知道唯一正确的做法就是告诉他们："我们做了正确的事，让我们继续前进。"

公司渡过了难关，乔纳森应对危机的能力也得到了提升。

启示

开除一位好朋友兼忠诚的员工的决定是令人痛苦的，但公司正处在紧要关头，你必须尽快做出决定。拖到下周一早上再处理，乔纳森就会比较被动了。当你身处困境时，先咬牙熬过去，之后再想办法解决问题。

找到一个你深深认同的行为指导原则能帮你渡过难关。有趣的是，乔纳森坚守的指导原则来自他已经离开的投资银行：吸引并留住人才；永远不要降低标准；努力工作，注重协作；用目标指导行为。这些内化的价值观，帮助乔纳森和他的公司渡过了一次关乎公司存亡的危机。

确保你的行为指导原则不仅仅是空洞的口号。因为它们是你陷入困境时能真正帮助你的东西。指导原则是用来指引你每天的行动的，尤其是当你遇到"非常"事态之时。因此，如果你还没有任何指导原则的话，不如现在就好好考虑一下。

创业精神就在于重新开始的那一刻

> 我们都希望找到一份没有痛苦的工作，这并不现实，但借助时间的帮助，伤痛自会痊愈。

萨曼莎自孩提时代起就想创立一家公司。她在九年级时进行了她的第一次实践——建立了一个帮助弱势儿童群体的非营利组织。甚至早在此以前，她就显示出了自己的创业家潜质：

我们家从得克萨斯州搬到西海岸，九个月后，我们又搬到了东海岸！我当时才 10 岁。我的父母成功地把搬家经历变成了一种冒险体验。在西海岸，我没有朋友；到了东海岸，我又变得很受欢迎，于是我意识到这种受欢迎是很肤浅和愚蠢的。那一年的经历对我的成长很有意义。

我的父母从小就教育我和弟弟，我们能干成任何事情，但没有什么事是手到擒来的。我加入了足球队，但队里的女孩们都讨厌我。当我想要退出时，父母让我再坚持一个赛季。我也因此学会了无论如何要勇敢尝试，虽然尝试有时会失败的道理。

作为一名创业者，为了达到目的，有时你必须去尝试未知并经历失败。

几年前，萨曼莎和她的朋友们打算开展一个开创性的线上商业项目。他们的点子受到了一些颇有身份的人的支持和关注。但在构想落地之前，麻烦就一直不断。团队成员无法就发展战略、经营模式乃至网站风格等各方面达成一致。团队出现了裂痕，这些内部冲突差点儿搞垮了萨曼莎：

除了包括我在内的几个项目创立者之外，所有人都认为我们注定失败。我忽视了一些明显的问题。我真的不想退出。我无法想象放弃这一切。我对网站的界面风格很敏感。其他人此前就曾告诉我，我们可能会因此发生冲突，而我当时觉得我们能够处理好这些问题。但当我们真的发生了一些冲突之后，我得到的是严厉的指控和一封起诉书，我对此感到很害怕。我的父母说："好好想想，做正确的事。不要主动挑衅。这封起诉书可能仅仅是别人拿来吓唬你的。"最终"强者会胜出"。

我一直没有放弃，直到6月的一天，我醒来后发现自己被限制访问公司的网站。我感到无地自容，我觉得失去了自己亲手打造的一切，包括我的毕生积蓄。我给差不多100个人发了电子邮件，告诉他们发生了什么。我非常痛苦，我需要让其他人知道我经历了什么。我不会假装什么都没发生。

在之后三周的时间里，我每天都只想躺在地板上，盯着天花板。我不知道自己该如何面对其他人。是我的合伙人汉娜帮我走了出来。她鼓励我去琢磨一个新的商业点子。我们一个个招集回了整个团队。我们进行了一次高强度的头脑风暴，构想出了新的品牌。我终于开始感觉这一切都是真实的了。

萨曼莎和汉娜将新的计划付诸实践。她们发起的新项目在第一个月比之前的还要成功。到了第三个月，项目推进得越发顺利。到了第四个月，萨曼莎的自信回来了，这一点对一名首席执行官和公司合伙人而言至关重要。她意识到这一次她们能够取得成功。

启示

这是一个从伤痛中走出来重新开始的故事。我们不应该对失败一笔带过。萨曼莎遭受的严重挫败激发了她强烈的耻辱感、绝望感、愤怒和痛苦，但萨曼莎最终胜利了。她吸取了失败的教训，继续前进，找回了自己。为了实现新的目标，她再度让自己被正能量和竞争精神填满。

如果你为失败感到痛苦，你需要先承认自己深度失望的心情，说出自己的感受。让你真正的朋友待在你的身边，同时注意把握好分享的尺度，他们会支持你的。他们每个人身上都可能有你需要的东西：感同身受、好的点子、劝导、建议、人脉和一个拥抱。

不要和自己较劲，为了忘记伤痛而匆忙投入工作。拼命工作会放慢你的恢复速度。它会转移你的注意力，同时也是一种自我惩罚。不要这样，放松自己，准备好了再重新开始。在你原谅了自己和别人之后，你的伤疤就会淡去。

我们都希望做一份没有痛苦的工作，这并不现实，但借助时间的帮助，伤痛自会痊愈。

无法使你成长的工作没有意义

> 如果不能全面修复、完善自身的话，你就无法应对工作中的糟糕局面。你必须回答这个至关重要的问题：我为什么在这里？

很小的时候，斯科特就对科学和工程学产生了迷恋：

我最初的梦想是当一名宇航员。“挑战者”号航天飞船起飞 73 秒后爆炸的那天，我才 4 岁。大多数父母会尽量不让孩子们去冒这些险，但我真的想成为第一个登上火星的人。

大学时，诺贝尔奖获得者理查德 · 斯莫利博士就氢经济时代的到来发表了一次演讲，我被这个主题深深吸引了。我想投身于解决斯莫利博士所说的“人类今天面临的最重要的挑战”：发现可持续新能源。

毕业后，斯科特进入了一家汽车公司，继续追寻自己的梦想。他的工作是推广零排放电动汽车。他面临着巨大的挑战：

这是一项前沿技术，能够孕育出很多新的发明和问题解决方案。它是革命性的，能让我们摆脱对石油的依赖，让我们的空气变得更加清新，为抗争全球气候变化做出贡献。我们的具体做法是将火箭的动力燃料进行适当的转化，然后用于驱动汽车。

但这个项目一再被推迟、拖延，并最终被取消。你没能达成预定的目标，你就失去了机会。我记得项目被取消的当天，我正在一家供应商那里。有人对我说："别气馁，这将是我们毕生的事业。"我既感动又害怕。这原本是一个我可以讲给我的孙子们听的励志故事，但我们现在正处在失败撤退的途中。我不知道自己的未来在何处。如果我去别的地方工作，告诉他们我是一名氢燃料电池研发者，他们可能会问："那是什么东西？"

因此，为了我的家庭，我放弃了自己的梦想。

斯科特接受了调职，他开始担任动力部门和制造工程部门之间的联络人。三年后，他觉得自己快熬不住了。工作困难重重，而斯科特别无选择，只有直面挑战：

作为一名中间人，我需要面对来自两方的压力，经常两边都不讨好。我在生活上也面临着不小的压力，家里只有我一个人挣钱。

我想在冬天休个假带全家庆祝一下自己的生日，但我的妻子让我自己去。我的体重增加了。我在工作中会时不时地恐慌发作。我在家里也无法放松。我必须拼命挣钱。我的医生让我节食、锻炼并接受理疗。我的理疗师则让我节食、锻炼并尝试一些呼吸技巧。

我的上级在工作上高度依赖我，但我必须想办法离开这个岗位了。我有动力和雄心，还能做得更好。我开始在公司内部寻找新的工作机会，我还接到了来自导师的工作邀请。此后，我并没有虚度光阴，我完成了很多工作，还获得了工程硕士学位。我开始注重身体健康。我告诉自己，每天我都要锻炼。我不再每天外出吃午饭，而是散散步，在办公室吃一个三明治。

我确实想过自杀。很多人都会被这种生命毫无意义之感压垮而选择放弃自己。是我对我的孩子们的爱阻止了我走上这条路。还要感谢我的理疗师。我们这些“美国牛仔”可能看起来都想成为独行侠，但我们偶尔也需要帮助。

斯科特找到了一份更好的工作来养活家人。他实现了自己的学术目标，并且重新恢复了健康和好体形。但他和妻子没能一起走过这段艰难的日子，而是选择了分道扬镳。他们的婚姻走到了尽头。经历了一段痛苦时光后，斯科特的生活重回正轨。

启示

这就是陷入绝境的样子。斯科特挺过来了，但并非在一夜之间。选择独自战斗不会让你得到什么奖章，你应该做的是寻求他人的帮助。斯科特就得到了医生、理疗师和健身教练的帮助。要记住，他们是你付钱请来的人，他们的工作就是告诉你真相，并帮助你面对它。当你深陷困境不能自拔时，记得寻求专业人士的指导。

如果你不能全面修复、完善自身的话，你就无法应对工作中的糟糕局面。你必须回答这个至关重要的问题：我为什么在这里？ 斯科特是一个有理想的人，他给自己设定了多阶段的目标，并一步步实现了它们：参加马拉松比赛，申请专利，找回自尊和自信。在第一个梦想烟消云散后，他又找到了一个新的梦想：增加汽车对于人类和环境的安全性。

他还没有放弃关于太空的梦想。斯科特的设想是，如果能活到 80

岁，他就买一张自己买得起的票，乘坐宇宙飞船去太空旅行。

获得坚毅力量的行动指南

跨过工作中的难关需要坚毅。[①]对此社会上有很多流行的表达方式：让人不舒服的“忍忍吧”，具有讽刺意味的“忍气吞声”，言简意赅的“坚强起来”，以及让人紧张的“咬紧牙关”。每一种表达都表示出了同一个意思：挺住，随着时间往前推移，如果你一直没有倒下，那你就过关了！

但这并非建设性的提议。我无法想象跟 10 岁的列弗说“忍忍吧”，尽管他很勇敢。玛乔丽已经忍受了数月的煎熬，再建议她“坚强起来”可以说是一种冒犯。杰夫的确“咬紧了牙关”，但并没有看到效果。乔纳森和萨曼莎在工作上受到了重创，此时建议他们“忍气吞声”根本不合时宜。而斯科特最不该做的就是继续忍耐。

我可以肯定，你迟早也会在职场中遭遇陷入绝境的时刻。你无法选择事情发生的时间和地点。如果遇事就退缩，你就失去了学习的机会。为了学习成长，吸收经验教训，再坚持一下，之后再做决定。希望下面这些建议能对你有所帮助。

① 安杰拉·达克沃思是坚毅问题的专家，她将学术研究的大部分精力都投入于使用心理科学帮助孩子成长的使命中。她将坚毅定义为激情加上坚持。在“激情”方面，她指的是找到可持续的目标而非抱持激烈的情绪：“坚持”则指坚持到底，直到完成最初的目标，因为你的目标对你很重要。如果你对此话题感兴趣，可以读一读她的这本书：《坚毅：释放激情与坚持的力量》（*GRIT：The Power of Passion and Perseverance*）。

意料之外的困境

为意料之外的状况和工作之中的糟糕局面预做准备是值得的，尽管你可能无法事先知道事情会以怎样的形式发生。做好准备能帮助你加固并提升自己的自信和自尊，支撑你最终挺过去。

- **认真对待日常锻炼**。它能让你知道如何应对身体上的不适，并且能让你认识到你能做到自己原来无法想象的事情。如果你不习惯锻炼，那么听好了，这不是让你去健身房，这是让你学习如何应对挑战。试着做一些自己感兴趣的运动，跑步、骑自行车、徒步旅行、瑜伽，什么都行。关键在于找到一个能让你愿意投入时间、精力，付出辛勤和汗水的项目。然后确立一个关于此项目的自己尚无把握能够实现的、具有高度挑战性的目标。一旦你成功实现这一目标，你就会变得更加强大，并能更好地应对压力。
- **利用日常工作中的挑战进行准备**。你在日常工作中所面对的各种小型挑战就是很好的锻炼素材。不要将其视作烦恼，把它们当作帮助你应对真正困境的垫脚石。
    - **站在新的角度看待日常烦恼**。如果你有小孩，那一定要抓住这个练习的好机会！和孩子互动是一种很好的锻炼，当然，和伴侣、父母、朋友以及宠物互动也能有所帮助。你有数不清的机会去练习让自己保持平静和警觉，专注于找到问题的解决方法，不要让分心之事干扰你的注意力。
    - **练习走出舒适区**。展开一次冒险之旅！当然，你不一定非要登上类似“幸存者”这样的节目，你也可以在某一次假期放弃舒适的海滩，而去进行一些狂野的挑战。冒险家们通常会喜欢激流划艇、水肺潜水、攀岩或野外生存这些项目，或者你也可以在相对安全的环境中，接受一次关于未知领域的全新体验。选择一个自

  己感兴趣的领域，勇敢面对未知。

  - **在工作中挑战极限**。尽可能地挑战自己。比如，你可以在建立人际关系网这方面为自己设立一个大胆的目标——成为一名完美的人际网络建立者，一名别人眼中的完美联络人。

- **利用冥想进行精神上的准备**。即便是一天只进行几分钟的冥想，它也能帮助你获得精神上的警觉和专注。这种日常训练会在危机时刻发挥关键作用。

  - **采取自己喜欢的冥想方式**。利用每天早上或晚上的时间进行冥想，你能在这些时间比较轻松地进入专注、警觉和冷静的状态。如果静坐没有效果，试试替代方法，比如在晚上睡觉前进行祷告或回顾一天的收获。

  - **进行有效的冥想练习**。冥想没什么神秘的。你在任何地方都可以练习冥想，上班路上也可以。你只需要消除一切干扰因素：不要读书，打电话或罗列待办事项。放空自己。如果这种方法不适合你，那就试试别的途径。有些人会在冥想时散步或慢跑，还有人会猛喝一杯水，然后仔细体验自己的感受，甚至只是看看窗外也可以，只要你能找到一个聚焦的目标对象。关键在于保持专注，在每次发现自己走神的时候让自己的注意力慢慢地重新集中起来。

- **找到潜在的强力后援**。陷入困境时，你会给谁打电话？列出可能的人选。看看你的家人、朋友或同事中，谁不会品头论足或者说一些“我早就告诉过你”之类的风凉话，而是会无条件地支持你。看看谁有可能成为你的强力后援，然后从现在开始尽可能强化你们的关系。

- **准备好肩负起领导者的责任**。当你陷入困境，而此刻必须有人挺身而出时，我希望你能担此重任。强化以下三种能力，为那天做好准备。

- **专业技术**。领导者需要制订计划，做出正确决策，为结果负责，并高效地分派任务。确保自己在日常工作中接受过这样的培训。
- **创造意义**。领导者能通过赋予价值和规划愿景让其他人感受到工作的意义。领导者要坦率真诚，更接地气。因此，先理清你的价值观，然后努力践行。明确阐述你的目标，规划好发展的蓝图，激励团队成员帮你实现它。注意适当展示自己脆弱的那一面，换句话说，别表现得像个机器人一样，让大家知道你在想什么以及你的感受如何（并讲清楚背后的原因）。
- **建立联系**。关注你的团队成员，看看他们需要什么。传递正面情绪和正能量，创造一个安全的环境，这能有效地动员大家投入工作。如果团队成员能感觉到你关心他们，那他们就能更好地参与进来。回想一下自己在最佳状态中的表现。在此状态下，你应该能做到所有这些事。

直面困境

当遭遇困境时，你必须接受现实，因为只有这样你才能咬牙挺过去——即便你的身心都在进行激烈的反抗。这是现实生活，不存在一个可以让你换台或退出的按钮。

- **停止抱怨**。你不能将苦闷压在心里，你需要把它们宣泄出来，然后继续前进。你的愤怒和不满需要有一个指向目标，也就是激发你前进的动力，注意不要让它成为阻碍。负面情绪会影响你做出客观判断。它们就像流沙，会让你快速下陷。
    - **要宣泄，但只宣泄一次**。向你的朋友或家人倾诉一次，然后就将其抛诸脑后。除了治疗师，没人愿意听你反复唠叨。如果事态的确很严重，你需要的是去寻求专业人士的帮助。

- **写一封用于宣泄的电子邮件**。空出收件人一栏，按下保存键，或者索性删除！将你的负面情绪在其中全部释放出来会对你有所帮助。基本宗旨是，将收件人栏留空至少 24 小时。冷静下来之后重读一下你的电子邮件，你可能还会因此开怀大笑。理想的情况是，你会感觉自己没有必要再发送它了。
- **在家里放一本私人日记**。将自己的心声记录在这本日记中，确保只有你自己能够看到。

- **评估情况**。弄清你是真的陷入了绝境还是只是踏入了一个自己所不熟悉的领域。你是真的陷入了巨大的危机，并且过去的学习经验和成长经历都发挥不了作用吗？你确定吗？在工作中，任何一个地方出问题都可能让你陷入困境，但你并不一定要因此决定放弃。
  - **问问你自己**。你还能继续忍受吗？你能适应这种情况吗？你是否在这种条件下依然实现了自己的学习和成长目标？你需要多久才能走出泥潭？试着搞清哪些因素是暂时性的，哪些不是。从 1 到 10 进行等级划分，如果 10 表示痛苦完全无法忍受的话，你正在承受何种级别的痛苦？
  - **求助专家**。其他人看待此种情况的视角是否和你一样？搜集大家的建议，看看你是否可以采取一些行动。评估局面缓和的可能性。
  - **恢复动力**。你现在身体健康吗？你是否正处在一段稳定的亲密关系之中？你热爱生活，有丰富的爱好吗？综合起来考虑，你对自己的工作现状是否在大体上满意？借助一切力量帮助自己以平和的心态接受现实。
- **调整心态，做出决定**。在困境中否定一切是自然之举，但它会浪费你的时间。纵使时间不是你目前渡过难关的关键，你也要利用好它，将自己的心态从受害者调整为自己命运的主人。是的，你现在正处于困境甚至绝境之中，但看看周围，有没有那么一两件事其实是你能够掌控的呢？

渡过难关

渡过难关意味着掌控局面，并主动采取行动。显然，此处并不存在一种放之四海而皆准的方法，但下面这些共通的原则能帮到你：

- **掌握自己的命运。**寻求你所需要的帮助。换句话说，从封闭的世界中走出来。通常，你想孤立自己的时候，正是你必须与他人交流的时候。如果你是个体工作者，此时不要一个人坐飞机出差。和你的客户或同领域的资深人士谈谈，他们深谙走出困境的方法，并且拥有能帮到你的人脉，让他们帮助你渡过难关。
- **过好每一天。**你能做的比自己想象的还多。
    - **每天给自己设立合理的小目标。**先设定一个积极的目标，然后每天为自己列出一个待办事项清单。举个例子，一个合理的积极目标可能是关注自己所处环境中的积极因素。培养积极的思维方式。不要去想“今天我要试着不对别人发火”，而要去想“今天我会专注于发现、欣赏团队成员的优点”。表达方式很关键。
    - **循序渐进。**先寻找当下所面对问题的解决方法，暂时搁置离职这一最后的选项。找到一个平级调动的机会或接受一次临时性的任务委派都可能帮你渡过难关。在充分探索了公司内部的机会而仍然没有找到合适的选项后，你就可以正式准备离职了。如果你真的决定离职了，记得保持体面和优雅。
- **保持动力。**你可能只是暂时性地陷入困境，也可能在很长一段时间都走不出来。对于后者而言，找到维持生活动力以渡过难关的方法就至关重要了。

- **进行高强度的体育锻炼。**利用高强度的训练释放多余的身体能量，能帮助你消除愤怒和不满这样的负面情绪。在锻炼中，内啡肽的释放能增强你的满足感，让你不再愤世嫉俗，而是接受现状。确保自己完全投入其中。如果条件允许的话，找一位健身教练来辅导你。如果你时间紧迫，绕着公司大楼走上几圈也可以，但注意必须是快走，走的同时挥动你的手臂！如果天气不好，你也可以上下爬楼梯，直到你感觉筋疲力尽。注意自己的心跳，确保自己不会运动过度。在最后的阶段放慢节奏，放松下来。
- **找到自己被爱的证据。**就像玛乔丽的“圣诞树之灯”，你也可以找到自己正在被爱着的证据，它能在你陷入困境时提醒你，你是被爱着和珍惜着的。这种做法听起来有点儿做作，但它很有效。
- **重拾你的精神动力。**有些人会从自己的信仰中汲取力量，他们认为自己的信仰让他们能更平静地接受艰难时刻。还有人通过音乐、诗歌和贴近自然来获得精神上的洗礼。无论你的精神源泉是什么，记得将其注入你每一天、每一周的工作中去。
- **每晚感恩。**记录感恩日记，写下你在这一天找到的需要感激的新的对象。写得具体些，因为你的目的在于锻炼你的大脑，驱使它主动搜索可以感激之事。

说来奇怪，严酷的环境可能会耗尽你的能量，毁了你的事业，但同时也能帮助你快速成长。我们都不想要糟糕的经历，我们也不会主动寻求困境，但它们就在那里。我们每个人都有能力走出职场低谷。在那些

时刻，我们会更加专注，我们会下定决心过一个更充实的生活，我们面对的是一个能发挥出自己最大潜能的机遇。

当发现自己陷入困境甚至绝境时，不要忘了这一点：最大的困境就等于最大的机遇。

/ 第十二章 /
工作的终极价值在于在挑战中成长

当发现工作无法体现自己的价值时，人们就会失去继续下去的兴趣。他们会敷衍了事，感觉没有动力，暮气沉沉。他们会感到难过、压抑和精疲力竭。一些人会选择离开，还有一些人则会慢慢僵化。

赶紧醒来吧！发现自己失去动力的那一刻就是进行改变的绝佳时机。一旦跌入谷底，除了向上爬你别无出路。

让我们看看威廉的故事。他来自美国西海岸，梦想进入纽约的时尚行业。大学毕业后他梦想成真，得到了一个在时尚杂志社工作的机会。但这段工作经历比电影《时尚女魔头》里演的还糟！没有成长空间的威廉选择了离职。此后，他又从事了一段时装设计工作，直到最后终于在美容业安顿下来。但进入美容业之后，威廉的道路也并非一帆风顺。威廉得到一个机会进入一家规模很大的美容公司工作，但他很快就开始感觉这份工作体现不出自己的价值：

在上一家公司中，我有充分的发言权。我会就自己对于产品的想法和高层主管及广告商进行双向沟通。而这一点在我现在这份工作中完全无法实现。我的级别太低，不具备沟通此类事务的资格。他们认为我资历太浅，无法完成与广告商的洽谈协商。我甚至连坐在房间里参加会议的资格都没有！

这真是令人沮丧！这就好像有我没我，公司都能正常运转。他们告诉我在这个公司就要能屈能伸。我以为自己能做到，但这真的很难。

威廉强调，他并不想拥有最终决定权，只是想参与其中：

在学校时，我们学会了要拿出成绩才能得到别人的认可。这真是老生常谈！你努力埋头工作30年，最终又能如何？在我看来，如果你雇用了我，这就意味着你对我的想法和能力感兴趣。人们会说“我不在乎你是谁，关键要看你能做什么”，我欣赏这种态度。在正确的引导下，在工作中掌握越多的自主权，我就会越快乐。我希望我的意见能被听取，我的数据能被采纳，我希望得到机会和别人进行实实在在的对话。

我的观点是，如果我无法从中学到东西，那么经受考验的意义何在？在二十多岁这个阶段，人就像一块海绵，只有通过不断的学习和吸收你才能得到你想要的。如果你不亲身经历，不为自己发声，不注意观察，那你就学不到东西。对这种毫无收获的工作，我的忍耐不会超过1年。

威廉说得没错。他在一个竞争激烈的城市从业于一个竞争激烈的行业，在这里，你不进则退。天上不会掉馅饼，你必须主动出击。威廉知道，他的表现必须符合甚至超出别人的期望值，这样他才有资格提出要求。但在努力工作的同时，他也希望别人觉得自己有用，希望自己能被别人所接纳。连这一点也无法实现的话，威廉就会觉得自己和这个岗位的上一任或者下一任根本没有区别。对威廉来说，这可不是什么令人振奋的好消息。

在很多情况下，你都会失去前进的动力。但正如下面的故事所揭示的那样，你可以主动选择如何应对：

- **如何尽可能地发挥自己的价值？**夏洛特的职业发展卡在了一个被搁置的项目上，他决定采取行动。
- **什么时候该静观其变？**埃利奥特热爱出版业，但他始终无法从重复劳动的初级阶段顺利过渡到下一个阶段。

- **当新鲜感失去时，你如何保持动力？**盖里在做每份工作的一开始都很兴奋和投入，但他没有常性。
- **什么时候你需要对自己说该放弃了？**爱德华多认为自己找了一份好工作，但18个月后，他连起床上班的动力都丧失了。
- **当你在公司里连一天都待不下去时，你要怎么办？**史黛西·玛丽找到了出路，迈出了艰难的一步。

我不会对工作这件事进行什么美化，有些工作确实会将你带往死胡同，还有一些工作单调平淡，令人乏味。身在局中，你很难知道你究竟是被判了无期徒刑，还是出头之日很快就将来临。你不想继续受人愚弄，也肯定不想由于不够耐心而错失绝佳的机遇。你进退两难，找不到答案。

但你仍然可以主动出击。

下面这些故事主人公都不得不面对这种工作的模糊性、不确定性和变化。在一些案例中，甚至公司本身都发生了变化。然而，这并不意味着你就可以静观其变，什么都不做。你也是这种变化的一部分。你确实可以选择放弃。但在放弃之前，花些时间弄清自己是谁以及自己想要什么。否则，你在下一家公司的下一份工作中也会遇到同样的状况。

然后，你就会立即陷入同样的困境之中。

从公司内部寻找发展机会

> 先尝试着在公司内部找找机会。广泛接触，挖掘自己可以尝试的新职位和新项目。

在成长的过程中，夏洛特对突如其来的坏消息并不陌生。第一次遭遇这种情况时，她还很小：

我三岁时，父亲接手了祖父的家族产业。十几年后，他因为银行欺诈进了联邦监狱。由于他将家庭财产和公司财产捆绑在一起，因此自那之后我们变得一贫如洗。这是我们一家的命运转折点。我们从拥有一切沦落为身无分文。我的母亲开始挑起重担，考取了注册会计师。我们每周都去探望父亲。最艰难的时期是父亲刚出狱回家之后的那段时间，有好几年，我们的生活都不在正轨上。

为了帮助家里，我也开始工作。我发现如果不工作的话，我的生活就没有意义。我也意识到了建立牢固的人际关系的价值所在，在困难关头，你会知道谁才是真正关心你的人。我的学校很支持我们，给我和我姐姐提供了奖学金。我忘不了我的老师说的话："大家对你们的期望很高，所以我们才会帮助你们。"这激励了我加倍努力，取得更大的成就。

没有人必须去了解他人的苦衷。但每个人肯定都有自己的难处。我对于为我工作的员工抱有同理心。我知道自己不了解在工作之余他们都经历了什么。我也很乐于对他们分享我的想法。我父亲曾经采取的做法是告诉别人他们想听的。而对我来说，真相虽然并不总是美好的，但我还是要如实相告。

在积累了一些政治领域的经验，考取了工商管理硕士，并在小公司体验了一段时间之后，夏洛特加入了一家大公司以培养自己的商业管理能力。不到五年，公司就委任她开拓新的收益源。她愉快地接受了这一任务。但一年后，她逐渐失去了热情：

我们每个人都为这个项目尽了全力，此前我们已经艰难摸索了六个月。但我们突然被告知这个项目需要被暂时搁置，因为部门要进行拆分。这太出乎意料了。这个刹车踩得太急、太突兀了。

更让我难以忍受的是项目搁置的时间。那之后的9个月里，我在工作中始终处于一种无法行动的状态，不知道何时才能恢复正常工作，重启项目。不得已，我开始在公司内部寻找新的项目和机会。

这次项目搁置来得真不是时候。33岁的夏洛特想要一个孩子，她需要一个稳定的工作环境，这对于她在产假后找回工作状态很重要：

我接触了很多人，想要弄清楚自己该做什么，该学习何种技能。我每晚都会写日记，对自己目前的工作地位、对未来的期望以及生活状态进行思考。

我找到了一些可以做的项目，于是向我的主管毛遂自荐。她上报了我的申请，并告诉了我领导层的反馈，说领导层不想让我做那些工作。她自己给我安排了一个耗时八周的项目，我顺利完成了。

之后我再次遇到了同样的困境。我试图找到新的项目去做，但因为办公室政治，我频频受阻。大家不想让我找到新的机会。我请了一位专业的职业顾问，就我在既保证我能在工作中有所成长，同时也不会影响他人晋升的前提下继续在公司工作的可能性进行了反复的探讨。我和高级管理层中的几位领导也进行过交流，希望得到一个确定的答案，但实际上我只是一直在被别人当皮球一样踢来踢去。有史以来第一次，我为工作感到痛苦。

寻找公司外部的机会开阔了我的眼界。我很乐于在原来的团队里工作，但九个月的时间太长了。我开始在公司外部寻找机会，考察是否有其他公司的企业文化能让我更快地融入其中，以便决定自己下一步的方向。

最终，夏洛特加入了一家消费品服务公司，负责为公司建立一条新的生产线。第一年，她就赢得了两个内部奖励：总裁特别奖和公司创新奖。回首过去，夏洛特曾对自己的决定感到犹豫不决。而展望未来，她的第一个孩子即将出生了。

启示

项目搁置后，夏洛特显示出了自己的耐心。但事情迟迟无法回归正轨，她聘请了一名专业的职业顾问来弄清这到底是她个人的问题，还是公司的问题，抑或是时机的问题。夏洛特利用这段等待的时间认清了自己。她认识到项目搁置，自己在公司被边缘化是一个系统性问题：这个项目既非核心业务，也非公司的关注重点。

你也应该想办法先尝试着在公司内部找到机会。广泛接触，挖掘自己可以尝试的新职位和新项目。如果真的不存在这样的机会，你就可以把目标放得更远。你了解自己公司的内部情况，但对来自外部的工作机会则知之甚少。因此在比较各种选项时要格外小心，先明确自己想要的是什么。夏洛特想要的是在一种注重团队协作和成员归属感，强调包容、开放的态度且目标明确的企业文化中追求自己的职业发展。

当夏洛特最终找到了这样一家符合自己全部标准的理想公司后，她踏上了自己的成功之路。

厚积才能薄发

> 没人阻止你成长的脚步。如果你根本无法从这份工作中获得成长，那就尽早另谋出路。

埃利奥特的父亲原本是一家广播公司的资深广告经理，后来他放弃了自己颇有前途的事业，转而做了一名牧师。这对埃利奥特而言也是一个影响其一生的决定：

父亲的同事都觉得他做出这个决定冒了很大的风险，但他们也说，金钱并不是最重要的，重要的是要做对自己有意义的事。我也是这样想的。生活没有那么多的戏剧性情节。我们的父母的确没有在经济上支持我们，但我们也没有因此就沦落到穷困潦倒的地步。

我本打算从事新闻工作。大四那年，学校的职业规划部给我提供了一个到出版社实习的机会。我以前没怎么考虑过从事和图书出版有关的工作，但我很快投入其中并喜欢上了这份工作。出版一本一经上市就很快热销的书感觉很有趣。几年前，我们出版的一本书卖了100万册。看到自己经手的书进入畅销榜单，我知道我的辛苦工作没有白费，尽管这件事本身并不能给我带来什么直接的好处。

工作中的高峰时刻让人感觉美妙，但不可能一直持续。不到两年，公司进行了重组，包括埃利奥特在内的许多员工的职务晋升流程都被搁置了。这是一段困难时期，埃利奥特在希望和绝望之间不停摇摆：

我一直努力工作，尽力挖掘新作者，去见各种代理人。我的职务是助理编辑。在我拿出写着我的职务的名片后，我能感觉到对方认为我资历不足，没有资格和他们洽谈合作。我意识到自己可能不会得到晋升了。我只能这么熬过每一天，同时尽量避免在工作上出错。我太循规蹈矩了。

但当我能联系上一位好作者，或者读到一本激动人心的书稿时，我就又会感觉到希望。我发现自己仍然喜欢这份工作。我认为事情最终会有转机。我的上司差不多每个月都向高层领导反馈员工晋升的问题。而高层领导的答案一直是："我们了解，我们了解。"我想，我是有能力的。我在公司里的不少朋友都得到了晋升，而我一直在做最底层的工作。我感到自己落于人后。我担心这表明我将成为一个职场中的失败者。

在年度总结时，我高兴地得知我有可能得到晋升！上司已经将我列入了晋升名单。如果事情顺利，这将是我得到的第一次真正的职务晋升。我并不清楚其中的门道，只是乐观地想，好了，这件事已经板上钉钉了。但我的期待落空了。我的上司安慰我说："我一直在努力为你争取。我还会和高层领导谈的。"我的妻子在此期间一直支持我。她说："搞不好他们会连升你两级！"不过我知道这不太可能。

我的父亲以往总对我说："别总想怎么往上爬这件事。干好你的工作。投入其中，努力去做一个让别人信任的人。晋升之类的事情总会水到渠成的。"但过去一年的经历让我很难再相信他说的话。我上了大学，然后努力工作，相信付出终有回报。但实际上呢？你一直在做最底层的工作，你不喜欢你的同事，而且你对工作毫无兴奋之情。

差不多过了三年，埃利奥特终于得到了提拔，而且还和他妻子之前预测的一样，是连升两级。他的妻子由衷地为他感到高兴。

启示

等待是令人痛苦的。每等待一个月，你可能就要看到你的一名同侪得到晋升，走到你的前面。考虑到埃利奥特一直在做基础性的工作，苦等两年似乎显得过于漫长了。如果你选择在这种情况下放弃，我充分理解你的心情。

埃利奥特并不是不配得到提拔，只是时机未到。他一直在做自己该做的事：依靠自己的力量在工作中获得成长。没人能阻止你成长的脚步。如果你根本无法从这份工作中获得成长，那就尽早另谋出路。但有时候，如果你坚持在原来的岗位做好自己的工作，你可能会在某一天惊讶地发现自己已经取得了惊人的进步。

当那一天到来时，埃利奥特确实很惊讶。他被委任带领公司一个新的图书工作室开展工作。他说："我从未意识到自己能带来这么大的影响。十年后，如果我的工作室运营成功，我也将随之共同成长。"

对一些人而言，等待没有价值。但对埃利奥特来说，他在等待期间的付出为他换取到了丰厚的回报。

成长空间需要主动开拓

> 让自己保持开放的心态。一次机缘巧合也许就能带给你意外惊喜，一场不经意的闲谈也许就能为你打开机遇之门。

盖里和他的父母频繁搬家，从盖里出生到他四岁，他们总共搬了四次家，到盖里上高中时，他们又搬了五次家。频繁搬家没有让盖里不快，他每次都能迅速适应新生活。这种经历成为盖里事业上的助力，让他能不断地进行创造性思考：

一开始，这份产品设计工作让我很兴奋。但我很快意识到自己的想法过于天真，我的创造性设计和现实世界格格不入。我的设计没有得到认可，我吃了好多次闭门羹。我的设计风格太叛逆、太直接，不够保守。他们告诉我："这不是我们想要的风格。"我感觉我的创造力被压抑了。

我最好的朋友已经离开了这个行业，他的一个朋友刚好从另一个人那里听说，一家大型零售公司的某个岗位正在招人。那个周末，我碰巧和他们聚了一次。一到周一早上，我就向那家零售公司提出了求职申请。新公司的人很喜欢我，因此我抓住了机会，果断从原公司离职。我想挑战自己，我希望自己能在自由运用我的创造力的前提下做出贡献并获得成长。

在之后的三年里，这份新工作满足了我进行创造性的工作和探索零售业市场发展空间的需要。但随着年复一年地设计类似的产品，我又开始对工作失去激情，每一天的工作都像是在走过场。但我又太懦弱，没有勇气打破这种循环。我将工作当作一种负担而非荣幸，这种做法给我自己和公司都造成了伤害。

每天，我一想到要去工作就无法起床。我会找借口在午饭时间离开，或把几乎所有的时间都花在我最喜欢的某个项目上，仅在最后的时刻才将剩下的工作草草了事。我开始产生放弃做设计的想法，但这是我唯一拿手的东西。

随着新鲜感褪去，盖里不得不再次开始和自己不安于乏味工作的冲动进行斗争。他不确定自己是否真的想开一家自己的设计公司，过上嬉皮士般的生活。抱着试试看的心态，他开始在公司内部寻找他感兴趣的机会。幸运的是，盖里的两位主管在此时给他安排了一个社交媒体运营测试的项目：

我看到了“机遇”——塑造某个新生事物，让其展现出超出大家想象的效果。我又重新充满了能量。我的关注重点在于机遇和未知。有些人对未知充满恐惧，而我则将其视作新的可能。

由于大家对此没有预期，因此我可以大胆尝试，然后说：“这是我和大家一起商量的结果。”我拥有探索和设计的自由，不需要经过某个委员会的层层批准。没人知道社交媒体应该是什么样子，我们只知道我们需要在其中占领一席之地。这个项目非常的有趣、新颖和时髦，在推进工作的过程中，我甚至得到了采访和拍摄知名乐队的额外福利。

多亏两位主管能理解盖里对创造性挑战的需求，他的新工作才能不断取得进展。此外，这可能也证明了他的确总是吉星高照。

启示

盖里对每份新工作的兴奋感都无法长久保持。在意识到自己的行为存在这种模式之前，他找到的解决方法就是换工作。当一份工作已经没有了创造力发挥的空间时，这样做的确是合理的。灵活性、不确定性和新的创造性挑战是盖里的动力之源。他想当然地认为，如果自己感到厌烦，那一定是因为目前的工作缺乏这些要素。但有时候，你的工作可能能为你提供超出你想象的成长空间。

让自己保持开放的心态。一次机缘巧合也许就能带给你意外惊喜，一场不经意的闲谈也许就能为你打开机遇之门。随着时间的推移，一个不起眼的机会也许会变成一次你无法想象的成功机遇。盖里认为，任何职业发展规划的完成度都不应超过 70%，你需要预留出足够的空间抓住偶然的机遇并采取行动。

有时，你没能发现机遇是因为你没有集中注意力。如果机遇迟迟降临不到你的头上，试试换个思路，打破常规，至少，你会由此获得看待问题的新的视角。

真正理想的工作会令你身心愉悦

> 如果你找到了那个你真正想要的工作，你会有所感觉的。你的身体会先于思维确认这一点，你的情感也会产生相应的波动。

爱德华多的父母是来自巴西的移民，刚来美国时他们不得不什么工作都做：建筑工地的工人、门卫、家政清洁人员和工厂作业工人。喜欢汽车的爱德华多想学汽车维修。不过，他的父亲希望儿子能有更好的前途。因此，爱德华多成了家里第一个上大学的人：

我清楚地记得上大学第一天的情形，在害怕的同时我也感到十分兴奋。回首高中岁月，我知道自己一直没能适应。我当时总是笨手笨脚，做什么事都感觉困难重重。现在到了大学，我想尽可能去接触那些头脑聪明、做事专注的同学。我还想做好表率，让我的妹妹们也有机会上大学。

我不知道自己未来的方向在哪里。一位会计学教授建议我在追求理想之前先从事一些基础性的工作，一个比较好的选择是从进入纽约的会计行业开始。我听从了他的建议。

爱德华多找了一份咨询工作。在努力工作了一年半之后，他逐渐失去了干劲，并且产生了一种无法形容的不适感。他感到很压抑，觉得自己就像一个大型机器中的零部件，而非一个有血有肉的人：

我发现我的工作除了让公司合伙人和首席执行官获利之外没有什么真正的意义。几位公司合伙人为人不错，我们在工作上合作得很顺利。但他们实际上只是偶尔做做指点，却总是在项目完成后将功劳全部据为己有。我想和真正了解我的需要的人一起共事。我知道我拿了薪水就要做出成绩。我以自己的专业技能为荣，并且在工作上一直表现不错，但我并不想做得更多了，我只想完成我需要完成的任务，仅此而已。我不知道自己每天工作的意义何在。

这真的很令人沮丧，因为我觉得自己拖了团队的后腿。他们好像不再关心我，而我对此也并不在意了。我已经无法再积极投身于我的工作。大家对此都心知肚明，他们不再愿意和我共事。

一切都很糟糕。那段时间我的压力很大，而我并没有采取什么行动做出改变。

后来，爱德华多接到了一个让他重新提起兴趣的任务。他又开始努力工作，但这并不足以扭转恶化的局面。当主管让他对自己的效率低下进行解释时，爱德华多说是因为自己病了。这话不假，那种无法形容的不适感让他无所适从，浇灭了他心中的火焰：

你很难形容这种入错了行的感觉。我每天醒来都会问自己，我到底在干什么？我开始积极寻找科技产业的工作机会，这是我最后的希望了。

最后，我决定勇敢迈出一大步。对于自己是离开此地还是在这里再积累一些经验，我确实进行了反复斟酌。后来，我和大学时我曾实习过的一家科技公司的一名工作人员见了面。对我来说，这将是一次新的冒险。技术的发展日新月异，如果不赶快离开会计行业投身其中，我担心自己再也没机会跟上节奏了。我的父母觉得我疯了，但我仍坚持己见。

来到新公司后，我发现我的工作同事都是真心热爱自己的工作的。而且大家都很聪明，如果不在这里工作，我们也很容易找到其他的机会。但我们选择留在这里，是因为我们相信我们所从事的事业可以帮助大众体验新的世界。公司里的每个人都抱着同样的信念。

在新公司工作三年后，爱德华多仍充满好奇、工作专注并且精力充沛。换工作真是一个正确的选择。

启示

更多的休息和一个新的任务减轻了爱德华多的不适感，但并未消除这种感觉。这是一个值得引起警惕的信号。对于爱德华多来说，他仍然面对着一个艰难的选择。如果选择留下来，他可能也会继续成长，升任经理，拿到更高的报酬，并且仍然保留着转入科技行业的可能性。他的父母也希望他能继续待在原来的公司。但爱德华多倾向于早点儿离开。

为什么？关键在于找到工作动力。之前的工作让爱德华多感到精疲力竭。与此相反，在和科技公司的工作人员进行了会谈，并接触了更多的从业者后，爱德华多找回了自己的工作动力。他在第一份工作中没有被满足的需求——使命感、受到尊重、和志同道合的同事一起工作以及归属感——在第二份工作中得到了充分的满足。现在，爱德华多给自己定下了一个远大的目标——独立经营一家小型科技公司。

如果你找到了那个你真正想要的工作，你会有所感觉的。你的身体会先于思维确认这一点，你的情绪也会产生相应的波动。认真感受。如果你感到精疲力竭，回到起点，想想对于工作和生活，你的终极目标和终身追求到底是什么，然后重新开始。

将间歇停滞期变为自我提升期

> 只要努力工作并付出自己的全部就能换取一份终身的收入保障的时代已经过去了。但现在这样也不错，至少我们不再是工作的奴隶了。

史黛西-玛丽出生在特立尼达，继承了母亲的事业心和对一份有意义的工作的渴望。她的母亲曾就职于金融行业，但后来，玛丽的父亲强迫她母亲待在家里照顾孩子：

我发现母亲讨厌待在家里，她总是感觉很压抑。本来一切都很好，父母都去上班，而我们可以自己待在家里自由玩耍，但在母亲被迫成为家庭主妇之后，一切都变糟了，母亲会整天围着我们训斥个不停！这段经历影响了我对于家庭和事业哪个更重要的判断。我不会为了自己热爱工作而道歉。当我和家人在一起时，我会好好享受这段时光。而我选择不要孩子的部分原因，在于我对工作上的挑战更感兴趣。

毕业后，史黛西–玛丽成为一名记者，她被委任为所在报社旗下一个创新项目的主编，并且被要求在三年内证明自己可以胜任这份工作。但还不到十个月，管理层就决定暂停这个项目。在史黛西–玛丽得到通知之前，有人向另外一家报社透露了这一消息。她对此表示了激烈的反对：

我很愤怒！我向高层领导发了一封充满怒火的电子邮件，我告诉他们说："我不在乎你怎样对我，但你不能这样对待我的团队。你们是觉得爆料带来的媒体效果比员工的生计更重要吗？"我对自己的所作所为完全不后悔。我对这种企业文化深恶痛绝。

我的首要之事是确保我的八名团队成员生计无虞。我给他们每个人都找到了一份新的工作。他们没有遇到什么困难，但我还是很生气。我知道此时加入另一家公司并不合适。我并不是对项目暂停这件事有异议，我介意的是高层领导的处理方式。我的上司不愿替我们出头。我们得到的待遇最差，却是最先被解雇的。我们受到了如此不公正的对待，那为什么还要继续为公司效忠？

在安置好我的团队成员后，我离职了。我签订了合约，因此我不是被解雇的。

那段时间里，史黛西–玛丽压力很大，几乎每天都会感到腰疼和头疼。那是一段糟糕的经历，但塞翁失马，焉知非福：

我此前从未从自己的工作角色中脱离出来。我一直不甘于平庸。从小到大，我一直受到大家的关注，一开始是我上了哪一所大学，后来是我去了哪一家公司。现在，我必须搞清作为一个完整个体的"史黛西–玛丽”该怎么做，因为我已经不再是那个“工做出色的史黛西–玛丽”了。我正处于失业状态，我不得不开始思考这个问题。当别人问我“你现在在做什么”的时候，我不知道该如何回答，因为我丧失了自己的职业身份。我想，我必须努力搞清楚这个问题。

我去了博物馆，练习瑜伽，在家做果酱和番茄罐头，以及写作。我会花上几个小时的时间来读书。我的丈夫当时正在特立尼达和海地工作，他理解我的处境并给了我充分的支持。那段时间，我独自生活，但我完全享受自己的独立空间。

我发现自己真的很擅长搞清如何解决一个棘手的难题。我简直是这方面的专家。

最终，史黛西–玛丽拿着奖学金去读了新闻学的研究生。毕业后，她开设了一个谈论媒体、技术及其他相关主题的博客。她重整旗鼓，一心投身于社会热点问题的讨论和解决，在公益领域充分施展了自己的才华。

启示

项目被搁置，团队成员被解雇，不得不离开自己的工作岗位，这些事是令人痛苦的。你的确应该为此感到愤怒。这是你自找的吗？当然不是！你受到了不公正的对待吗？是的！当你发现你的原则被践踏了的时候，这家公司和这份工作就不再值得你为之努力了。借此机会放眼未来，重新开始吧。

找一份轻松的工作干一辈子，这样的日子已经一去不复返了。大公司和初创企业都有可能遭遇危机。全球竞争十分激烈，你不只需要与本地的公司竞争，还要与世界上其他地方的公司竞争。只要努力工作并付出自己的全部就能换取一份终身的收入保障的时代已经过去了。但现在这样也不错，至少我们不再是工作的奴隶了。社会契约已发生改变：现在，你没有必要付出自己的全部，相对的，对于你的工作或职业发展也不再有人会给你提供保障；不过，工作仍然能帮助你塑造正直的品格和正确的价值观，带给你挑战和成就伟业的机会，以及为你提供充足的劳动报酬。因此，你也应该在工作中给出符合期望值的表现，以正直的态度做事，接受工作带来的挑战。

在新的世界秩序中，你必须为自己负责任，只有不断提高自己的工作能力，你才有讨价还价的资本。

提升自我掌控力的行动指南

我们回到了问题的起点。不考虑工作报酬的话，没有意义、缺乏目标的工作是不值得我们为之付出的。很快你就会因为倦怠而不想起床上班，并且，无论谁提出关于工作的建议，你都会立刻注意到其缺陷而非可取之处。这种心态和思维方式关闭了你和别人沟通的渠道，会让你感到孤立无援，束手无策，此时，放弃看起来是你唯一的选项。你希望自己能重新找到动力，可是你失败了。

这种状态令人沮丧。本书中的每一个故事主人公都经历了工作中的磨难，并最终渡过难关。但对于本章的故事主人公来说，由丧失工作动力引起的不适感就像迷雾，它很容易让你迷路，而且你很难去和无形之物抗争。

有时候，日常工作的单调乏味也能让人精神放松，感觉舒适，特别是当你历经了重重磨难，终于回归正轨的时候。但本章中的故事主人公们的经历则与此迥异。威廉发现自己在工作中不受重视，也找不到可以信赖的人。夏洛特的项目被无限期搁置，她陷入了一种动弹不得的困境。埃利奥特一直没有得到晋升，他苦于寻找不到问题的答案。盖里得不到成长进步的空间。爱德华多在工作中孤立了自己，陷入了恶性循环。史黛西–玛丽遭受了不公的对待，这令她感到愤怒。幸运的是，他们都及时做出了调整，并采取了行动。

如果你也正面对着类似的工作挑战，那你需要知道的是，你远比自己想象的更有能力。你能控制局面，你没有迷失，你也并不孤单。你能做的事有很多。

决定是否等待

你为什么会感觉自己的工作没有价值？别光顾着抱怨和指责，仔细找找原因。区分哪些阻碍因素是暂时的，哪些是一直存在的，哪些因素是你可以控制的，哪些是不可控制的，找到这份工作的缺点和优点。下面的问题可以给你一些启发：

- **问题是我自己造成的吗？**有时，身体劳累、生活烦恼或者人际关系紧张等外部的负面因素可能会影响到你的工作。如果你遇到的正是此类问题，先处理好其他事务再考虑工作上的事。
- **你想继续从事当前的工作吗？**如果你大体上喜欢自己的工作或你所在的行业，那么继续坚持就是有价值的，即便你手头的工作内容可能令你感到乏味。
- **你喜欢你所在公司的环境、同事和工作安排吗？**仔细考察你所在公司的文化氛围、工作流程、领导层、同事和根本的价值观。问问自己，你愿意在这里为你看到的这一切努力工作，甚至加班熬夜吗？如果这家公司的各个要素都在大体上符合你的期望值，那么留在原地继续坚持就是值得的。

- **是时机的问题吗？**如果你相信公司的管理层会考虑你的需求，并最终认可你，那么等待就是有意义的，尤其是当你认同公司的价值观、使命和战略时。
- **你有哪些未能实现的雄心、目标？**如果你对是否离开和何时离开举棋不定，先试着搞清自己具体是为了什么而选择离开。
- **你能在原处找到满足需求的方法吗？**考虑一下内部调动、项目调换、休假或者与领导进行一次深入的谈话是否有助于改善你的工作处境。想象一下放宽要求之后，你对工作的感受是否会有所改善。
- **是否有足够吸引你的其他工作机会？**和经营亲密关系一样，如果你"身在曹营心在汉"，那做什么也没用。如果你发现了一个绝佳的机会，那任何等待的理由都会立即作废，因为这才是决定性因素。

做出明确的决定

现在是时候采取行动了。记住做出决定之后就不要再优柔寡断了。

- **和一位朋友或导师共同商讨。**这是一个重大的决定。你很可能会感觉摇摆不定。你也可能会感到沮丧、失望、怨恨、害怕、悲伤、愤怒、愧疚或所有这些情绪的总和。找一个不会被你的负面情绪影响的人好好谈谈。
    - **寻求理解，而非同情。**如果有人能感受到你的痛苦，与你共鸣，那很好，但你更需要的是建设性的帮助，一个能给你提供不同的看待问题视角的人——即便他的意见和你相左。当然，如果你需要一个拥抱，这也是你应得的，毕竟你正在经历艰难时刻。
    - **别太心急。**进行如此重要的决策确实需要花些时间。至少，你需要足够的时间来确定自己的选择。在思考之后，你可能会做出同样的决定，但充分利用这段时间至少能帮助你尽可能地避免做出那种让你遗憾终身的自我毁灭式的非理性决策。

- **做好自己。**这就像是一段失败的恋爱关系。对于感觉不到工作的价值这件事，你也负有部分责任。是你自己选择了这家公司和这份工作。搞清楚“关系破裂”背后的真正原因以及它对你的影响。
  - **避免自责和自我惩罚。**你可能是出于一些并不重要的理由才选择了这家公司或这份工作的，比如：它是新生事物，在当时处于前沿性领域；你在那时没有更好的选择；上司和同事看起来都不错；待遇很可观。但承担责任并不意味着你就要为此狠狠惩罚自己。这样做对你毫无帮助。我们都非完人，都会犯错。
  - **转移注意。**找到一个可以让你恢复精力的建设性的活动投入其中。陷入痛苦的回忆于事无补。不要认为自己必须时刻直面痛苦的现实，不能有一丝喘息的时间。也许，一个有趣的项目就能唤起你的好奇心，带给你成就感，让你恢复自信。你也可以通过手工劳动、学习新技能或者打理花园来转移自己的注意力。
  - **尝试体育锻炼。**通过改变你的身体状况来舒缓离职的压力或失业的恐惧。你可以尝试跆拳道、慢跑、普拉提，什么都行！你会立刻感觉好了很多。
  - **对自己好一点儿。**你生活在一个竞争激烈、快节奏和不被允许犯错的世界里，这里没有太多的温情。因此，你需要在情感层面上自己照顾好自己。去找一个拥抱。如果你的母亲无法理解你离职的决定，试试给你的祖母或一位关心你的朋友打电话。
- **激活你的人际关系网络。**不要等到决定离职时才想起建立你的外部关系。即便你极度内向，你也需要朋友，而你的朋友会带来新的朋友。用好六度分隔理论！

- **尽早与朋友和亲戚、大学校友以及工作中认识的人建立联系。**在需要找工作时再建立联系是很困难的。人们会察觉到你正处于走投无路的境地而因此远离你。记住，在需要帮助前就建立好自己的人脉关系。
- **构建有意义的关系网络。**很多人在拓展人脉时所做的只是互递名片，其结果就是结识了许多泛泛之交。你不需要追求数量，而是需要接触不同圈子的人。在参加活动时注意去接触你真正感兴趣的少数几个人。你可能需要和不同的人进行多次互动才能找到那些人，而一旦找到，你就要专注于深化与他的交流和联系。

- **发现自己的兴趣所在。**如果你在早期并没有尝试过不同的公司或工作，那么你可以现在去做。并非所有人都有特定的专长。去接触不同领域的人，看看吸引他们投身其中的是这个领域的哪些因素，你可能也会受到同样的吸引。还记得那个神奇的数字吗？你可能需要认识100个人才会发现新的机遇。

决定去留，做好打算

大多数人在离职时甚至没有和他们的领导进行过谈话，反映自己遇到的问题。这太愚蠢了。你都要走了，为何不破釜沉舟呢？在多数情况下，你都拥有比你想象的更多的活动余地。通过一次谈话，你也许就可以得到一个更具挑战性的任务或职位。保持对对方的尊重，然后用坚定而平和的语气说出你的需求。如果你只讲索取，不愿付出的话，别人是不会想要帮助你的。

- **让别人知道你对这份工作的期望值。**阐明自己的需求很有用。（与此相对，一味地抱怨和指责则对你没有帮助。）

- **和别人进行对话，评估他们对你以及你的目标的兴趣**。让别人谈谈他们的工作，尤其是他们在你现在所处的这个阶段做出了怎样的选择，他们很可能会给你提供一些有价值的建议或启发。多数人可能会对你正在经历的事情感到好奇，这种好奇心能让你们之间的交流变得更加容易。如果他们并不关心你的遭遇，那就再找别人，不要对他们有什么意见。
- **找到需要获悉你的具体情况的人**。你的导师、职场引路人、人力资源部门的同事以及你的上司都需要知道你的工作目标和工作打算。你需要在去接触他们的行动上和表达需求的措辞上掌握好分寸。没有人会喜欢一个只顾自己、咄咄逼人的自吹自擂者。如果你不知道具体要如何说如何做，试试在公司内部找一位有相关经验的资深人士来帮助你，或让他替你传话。

- **不要将你的上司排除在团队之外**。如果你的工作目标在这里有实现的可能，那你的上司就是能够为你提供帮助的理想人选。没准在你的上司眼中你就是他的重点培养对象。问一问就什么都明白了。
  - **寻求上司的帮助**。你也许不喜欢上司对你的评价，但知道自己的处境是有帮助的。如果上司觉得你还没有做好升任高级岗位或迎接你想要的挑战的准备，看看自己该如何证明给他看你准备好了。如果上司同意你的看法，这至少证明了你并没有被自负蒙蔽双眼。
  - **与上司建立信任关系**。履行你的承诺，与你的上司坦诚相处。接下来是接纳对方。如果上司的看法和你预想的有所出入，保持冷静。等轮到你发言时再礼貌地提出自己的要求。
  - **分享你不敢说出口的所思所想**。如果不说出你的所思所想，你的上司要怎样获悉你的需求呢？在分享时要注意保持谦恭的态度。为什么要保持谦恭？因为人们通常不会信任那些事事先考虑自己的人。但不管怎么说，大多数上司都希望自己的员工事业有成并且身心愉悦（或者至少精神振作）。

- **在寻找新机会的同时学习更多技能。**尽管你的工作处于停滞状态，但你仍然可以积极地提高自己。
    - **做职务比自己高一级的人的工作。**在完成本职工作的基础之上，主动要求承担难度更大的任务或将其视作自己的分内之事。有些处在高级职位上的人可能会介意这种“僭越”的做法。和他们开诚布公地谈一谈，避免上司误解你的行动。不过，优秀的上司都会希望你采取主动。
    - **从周围人那里学习。**没有人阻止你去见正在做你所感兴趣的工作的人。如果你不习惯主动接触，那就退而求其次，向他们寻求一些建议。大多数人都不会拒绝真诚的请求，尤其是那些自己不必为此做出牺牲的请求。简明扼要地说出你的困惑或请求，记得对每个人都表示感谢。
- **别忽视偶然的机会。**我们习惯于拒绝那些不合常理的主意或出现时机太过巧合的机会——不，不要再这样了。
    - **崎岖之路。**并非你抓住的所有机会都有价值，但你从错误选择中学到的东西并不会比从正确抉择中学到的要少。注意总结经验，不要害怕走弯路。
    - **当察觉自己下意识想要拒绝的时候，暂停一下。**你可能是对的，但别急着做决定，先安稳地睡一觉。问问自己，这个机会符合自己需求的地方在哪里，或者在何种条件下你会想要抓住这个机会。早上醒来时，无论你做何决定，它都将是经过深思熟虑的。

当发现工作无法体现自己的价值时，你就必须采取行动了。决定是否离职或何时离职的过程是很复杂的，而且并不存在单一的标准答案，这意味着离职并不一定总是最好的选择。

留意你自己在制造工作倦怠感中负有的责任。抖擞精神，重新开始，用新的视角看待自己周围的人，寻找自己之前未曾经历过的冒险，打破看不见的隐形牢笼。

记住，你的自我掌控力比你自己想象的更强。无论是去是留，你都将以更好的状态付出和收获，让工作体现出你的价值。

后记

恭喜你！你已经和本书中的各位故事主人公一起经历了十二项工作挑战，你了解了他们的故事，也读到了很多建议。现在我该把接力棒交到你的手上了，感谢你接住了它。你们应对挑战的经历和本书中诸位故事主人公的经历一样意义非凡。

我不是一个盲目乐观的人，我也不会煞有其事地告诉你如何做就能事事如意。事情的结果可能往往并不如你所愿，但有一件事是确定的：如果你不去勇敢地面对你的工作挑战，那你的职业道路就很难向前推进，因为你将为逃避挑战耗尽自己的一切能量。如此一来，你的工作就会变得更加枯燥并充满压力，你的成长和进步会因此放缓，你会感到自己陷入困境。

但我相信，作为本书的读者，你不会这么做。你将去面对你的挑战，在工作中进行更多的冒险。

还没准备好吗？时代日新月异，你永远无法做好百分之百的准备。告诉自己你的准备已经非常充分了，这种自信很重要。勇敢地奔向挑战。你可能会一下子就获得成功。也可能，在巨大的压力之下，你会犯错误，或者没能表现得符合预期，收获好评。有时候，一些人会搞砸你的工作或阻碍你前进。为了让自己的职场之路走得更加顺利，你需要努力经营与职场引路人的关系。面对工作中的巨大挑战，你会感到焦虑和不安。在某些情境下，你甚至可能不得不成为一名超级英雄。有时毫无预兆，你就在工作中陷入了绝境，或者发现你目前的工作缺少你想要的东西，没有意义。这些挑战都是客观存在的。

但你现在知道该怎么做了。从找到那些根本性的问题的答案开始。不做好坏评价，认真考察你的想法、感受、思维模式，以及对你而言利益攸关的事情。评估你所面对的情况，思考自己有哪些可能的选项，权衡利弊。向你的上司、导师、职场引路人、同事、朋友、家人乃至能够帮你的陌生人寻求帮助。做出决定，然后宣布你的计划。为自己设定一些短期目标，为下一阶段的目标进行行动规划，并尽量让规划更具体一些，设想可能会发生的情况并给出应对方案。你能做到这些。

现在，你只剩一件事要做：

创造属于你自己的故事。

我希望这将是一个激动人心的故事。

致谢

众多优秀的被采访者和我一起走过了本书写作过程中的高潮和低谷，并和我一起分享了很多很有价值的观点。我要向每一位被采访者和每一家参与协助我的工作的公司致谢。我对你们感激不尽。

首先，要向本书里的众多故事主人公致谢。你们自己知道我指的是谁。你们坦诚的分享需要勇气、谦虚、暴露自己的脆弱之处以及反复的电子邮件往来。作为先驱者，你们鼓舞了我们所有人。还要感谢你们的慷慨贡献，你们的经历汇集成了我资料档案中的众多精彩故事。是你们让我对我们大家共同的未来抱有极大期望。你们共同发出的声音无比美妙。请牢记这一点。

其次，要感谢众多富有才华的科学研究者。你们用研究和实验为大家提供了专业性的解答。你们的贡献塑造了我们现已熟知的那个故事：关于雄心、希望、挑战和成功——众多拥有不同背景的卓越人士用自己的方式讲述了这个故事，他们来自世界的各个角落。

特别感谢达能集团的安妮 · 泰夫奈 · 阿比特波尔，她致力于通过坦诚的对话弥合代沟。你所开发的极具创造性的八度培训项目对我们是一种真正的鼓励。

同样感谢麦肯锡公司的朋友和同事。凯伦 · 坦纳在早期就资助了本书的创作，我们都很想她。一个团队自告奋勇地帮助我搜集了相关数据，其成员包括劳伦 · 丹尼尔 · 布朗、舍利西蒂 · 古普塔、凯文 · 基恩、奥利维亚 · 李和斯马兰达 · 戈萨–孟辛。特别要感谢利拉 · 基恩，他并不认识我，但还是慷慨地提供了帮助。感谢娜塔莎·卡塔里诺、凯蒂·乔治、特里什·吉欧瑞和萨拉·贝诺——来自巴西、瑞典、土耳其和新泽西的热心读者。还要感谢那些已经离开麦肯锡的朋友，你们的支持让我至今受益匪浅。

还有很多志愿者贡献颇多。感谢尼古拉斯·阿勒斯通过大量的文章阐述他的观点。感谢格林尼斯·奥康纳对本书的文字进行了修饰。还有道格·斯特恩，谢谢你的陪伴，以及扎克·托德，谢谢你做你自己，你为我提供了不同的看待问题的视角。

还有很多专业人士为本书做出了贡献。感谢吉姆·莱文，你从2015 年开始一点点审阅了本书的所有章节。一直以来，你有劝导，有质疑，更有支持，你一直相信这件事能做成。还有凯西·埃布罗，我的权威编辑。你从一开始就满怀热情，你是本书的第一个粉丝！感谢你为这场由不同声音组成的大合唱鼓掌喝彩。你的高标准、灵活性、乐观态度和高超技巧让本书的内容更上一层楼。还要感谢麦格劳-希尔教育公司的工作人员，他们喜欢读书，并且尤其欣赏本书所传递的信息——一个具有多样性的团队能更好地解决问题；对于工作上的挑战，我们必须应对，不能回避；在工作的磨炼中成长是每个人的权利，而且成长的过程可以充满乐趣。

加比和捷达·加巴斯，你们是最棒的，你们就像角斗士一样勇猛！我为你们成为这样的人感到骄傲：你们坚强、聪明、有爱心、风趣、有活力、富有创造性，你们是女性领导者的榜样。作为你们的母亲我很荣幸，我为你们的才华所折服。你们促使我去寻找对新一代领导者更有帮助和更有针对性的建议。你们有着一颗仁爱的心。

亚历山大·查尔斯·温特，我可能要让你难堪了，因为这是做姐姐的“责任”。我向你提出了各种难题，而你的回答总让我开怀大笑，也让问题迎刃而解。在每个故事里，我都能感受到你的开阔胸襟。你守护了所有的读者，找到了我们之间的共识。你充满耐心和爱心，并且令人尊敬，你在我的生活中扮演了多个重要角色，你是我的资深导师、专业顾问、幕后智囊团，而且还担任了本书的早期编辑。

最后，我还要感谢一个人，恐怕写满100页也表达不完我对这个人的谢意。你有所不知，过去的我虽然相信自己但始终无法摆脱怀疑和恐惧。今天，我站在大卫·加巴斯身边，你是我的终身教练、我的专属批评家，你是一名战士，也是我毕生的伴侣。你是我持续前进的动力之源。你是竞技场中永远不会倒下的斗士。遇到你的每个人都是幸运的，尤其是我自己。